"十四五"职业教育国家规划教材

"十三五"职业教育国家规划教材

中等职业教育中餐烹饪专业系列教材

U0184355

中式点心制作

第2版

主 编 张桂芳

重庆大学出版社

内容提要

本书由4个模块、21个任务组成。具体内容为：模块1常用点心制作，模块2节庆点心制作，模块3时令点心制作，模块4宴会点心制作。本书突出动手能力，图文并茂，文字简练，条理清晰，易读易懂。学生可通过任务实施学习专业知识和技能，系统掌握中式点心制作技术。本书还增加了二维码视频微课辅助教学，学生扫码即可观看制作步骤。本书为学生提供了新的学习形式。本书可作为中等职业教育中餐烹饪专业教材。

图书在版编目（CIP）数据

中式点心制作 / 张桂芳主编. -- 2版. -- 重庆：
重庆大学出版社，2022.1（2024.8重印）
中等职业教育中餐烹饪专业系列教材
ISBN 978-7-5689-1093-4

Ⅰ.①中… Ⅱ.①张… Ⅲ.①糕点加工—中国—中等
专业学校—教材②面食—制作—中国—中等专业学校—教
材 Ⅳ.①TS213.23②TS972.132

中国版本图书馆CIP数据核字（2022）第011286号

中等职业教育中餐烹饪专业系列教材
中式点心制作
（第2版）
主 编 张桂芳
责任编辑：沈 静 版式设计：博卷文化
责任校对：刘志刚 责任印制：张 策

*

重庆大学出版社出版发行
出版人：陈晓阳
社址：重庆市沙坪坝区大学城西路21号
邮编：401331
电话：（023）88617190 88617185（中小学）
传真：（023）88617186 88617166
网址：http://www.cqup.com.cn
邮箱：fxk@cqup.com.cn（营销中心）
全国新华书店经销
重庆长虹印务有限公司印刷

*

开本：787mm×1092mm 1/16 印张：9.5 字数：240千
2018年9月第1版 2022年1月第2版 2024年8月第4次印刷
印数：7 001—9 000
ISBN 978-7-5689-1093-4 定价：45.00元

第2版前言

随着我国科技的进步、产业结构的调整以及市场经济的不断发展，各种新兴职业不断涌现，传统职业的知识和技术越来越多地融入了当代新知识、新技术、新工艺的内容。为适应新形势的发展，优化劳动力素质，结合中式点心制作的特点，本书运用多媒体的手段展开编写。

本书根据近几年职业教育教材开发的要求，理论与实践相结合，项目教学以典型任务为载体，扩充学生的专业知识，重视教学评价环节，紧跟时代的步伐，打破了传统专业教材的枯燥乏味。本书图文并茂，文字简练，重、难点清晰，便于学习者掌握，贴近中等职业学校学生的实际需求。

中式点心制作是中等职业教育中餐烹饪专业的一门专业核心课程，本课程的学习旨在培养中式点心师，为企业中餐面点岗位培养储备人才。本书也是广大中式点心制作爱好者的阅读教材。通过阅读本书，他们可以了解中式点心制作的理论，掌握中式点心制作的技能。

本书以任务引领的方式展开编写，以"烹饪专业工作任务与职业能力分析"为依据设置。在编写思路上，打破了以往不突出动手能力的传统教材模式，转变为以能力为主线的学习模式。同时，本书以就业为导向确定模块，以行业专家对烹饪专业中式点心制作的工作任务与职业能力分析结果为依据设计，以中式面点4种类型点心制作为线索。本书内容的选取紧紧围绕完成工作任务的需要循序渐进，既满足职业能力的培养要求，又充分考虑中等职业教育对理论知识学习的需要，融入中式点心师职业标准对知识、技能和态度的要求。

每个模块的学习都以中式点心产品制作工艺作为活动的载体，以工作任务为中心整合理论与实践，实现做学一体化。在编写过程中，按学生的认知特点，采用理论与实践相结合的形式展示教学内容，通过示范、实操、分析、评定等组织教学，建立工作任务与知识、技能的联系，增强学生的直观体验，激发学生的学习兴趣，倡导学生在任务活动中学会对产品的理解和制作能力，培养学生具备该岗位的基本职业能力。

在申报"十三五"职业教育国家规划教材的基础上，编者对本书的内容再一次进行认真修订。修订后的本书，在专业用词上更加规范，通识性更强，更便于学习者学习。在修订中，对中式点心制作的标准更加细化，尤其是在初学者对基础技能的掌握方面，更加便于理解。

在申报"十四五"职业教育国家规划教材的基础上，编者根据党的二十大精神，在推进中国式现代化进程,实现高质量发展的大背景下，对本书内容进行整体统筹,再一次进行认真修订。瞄准技术变革和产业优化升级需要，依据岗课赛证一体化的教学模式增加了部分内容，增加了中式点心的饮食文化典故，增强职业教育的适应性。2023年，本书被评为"十四五"职业教育国家规划教材。

本书配有二维码视频微课，学习者可以扫码观看制作视频，制作中式点心。教材＋视频微课，形成动态学习的新模式，激发学习者的学习热情。

本书内容充分反映了当前从事职业活动所需要的最新核心的中式点心技能，体现了科学性、先进性、超前性。本书在编写过程中，聘请了编写上海市中式面点职业标准和职业资格鉴定题库开发的专家，以及相关行业的专家参与审稿工作，保证了教材和企业的岗位需求紧密衔接。

本书在编写过程中，得到了上海市商贸旅游学校的领导和重庆大学出版社的大力支持和帮助，在此表示感谢！

编 者

第1版前言

中式点心制作是中等职业教育中餐烹饪专业的一门专业核心课程。本课程旨在培养中式点心师，为企业中餐面点岗位培养储备人才。为适应新时代，提高劳动者素质，编者结合中式点心制作的特点，运用多媒体手段，编写本书。根据近几年职业教育课程教材开发改革要求，本书理论与实践相结合，项目教学以典型任务为载体，扩充学生的专业知识，重视教学评价环节，紧跟时代步伐，打破了传统专业教材的枯燥乏味。

本书以任务引领的方式展开编写，以就业为导向确定模块，以"烹饪专业工作任务与职业能力分析"为依据设置任务。在编写思路上，打破了以往不突出动手能力的传统教材模式，转变为以能力为主线的学习模式。

本书以行业专家对烹饪专业中式点心制作的工作任务与职业能力分析结果为依据，以中式面点4种类型的点心制作为主线。在内容的选取上，本书紧紧围绕完成工作任务的需要循序渐进，以满足职业能力的培养要求。同时，充分考虑中等职业教育对理论知识学习的需要，体现了中式点心师职业标准对知识、技能和态度的要求。

每个模块的学习都以中式点心产品制作工艺作为活动的载体，以工作任务为中心整合理论与实践，实现教做学一体化。在编写过程中，按学生的认知特点，采用理论与实践相结合的形式来展示教学内容，通过示范、实操、分析、评定等组织教学，建立工作任务与知识、技能的联系，增强学生的直观体验，激发学生的学习兴趣，让学生在任务活动中学会对产品的理解和制作能力，培养学生具备该岗位的基本职业能力。

本书内容充分反映了当前从事职业活动所需要的最新的核心中式点心技能，较好地体现了科学性、先进性和超前性。在编写过程中，邀请了上海市中式面点职业标准和职业资格鉴定题库开发的专家，以及相关行业的专家参与教材的编审工作，以保证教材和企业的岗位需求紧密衔接。

本书在编写过程中，得到了上海市商贸旅游学校的领导和重庆大学出版社的大力支持和帮助，在此表示感谢！

编　者

Contents
目　录

常用点心制作

【模块描述】

通过学习常用点心制作这一模块，掌握常用点心的制作方法。符合点心师初级、中级技能标准，符合中式面点师岗位需求。

【模块目标】

1. 能调制水调面团，会制作木鱼水饺、鲜肉小笼、鸳鸯蒸饺、糯米烧卖、虾肉锅贴。
2. 能调制膨松面团，会制作素菜包。

【模块任务】

任务1　木鱼水饺制作
任务2　鲜肉小笼制作
任务3　鸳鸯蒸饺制作
任务4　糯米烧卖制作
任务5　虾肉锅贴制作
任务6　素菜包制作

 任务1　木鱼水饺制作

[任务描述]

饺子，又名交子，代表更岁交子，团圆福禄。饺子是在农

历新年和冬至等节日的重要食品，也是在中国北方省份的主要食物之一。传说饺子由馄饨演变而来，在其漫长的发展过程中，名目繁多，古时有牢丸、扁食、饺饵、粉角等名称。我们平时吃的点心有很多种，其中，水饺是大家常食用的品种，北方人常把水饺当作主食。水饺的馅心有多种，外形也有所不同。现在我们就来学习木鱼水饺制作。

[学习目标]

1. 会拌制鲜肉水饺馅。
2. 会和面、揉面、搓条、下剂、擀制水饺皮等。
3. 能包捏木鱼水饺。
4. 掌握面点基础操作技能。

[任务实施]

[边看边想]

相关知识介绍

你知道吗？ 制作木鱼水饺需要准备如下材料（主要设备、用具、原料、调味料如图所示）。

设　备：面案操作台、炉灶、锅子、手勺、漏勺等。
用　具：电子秤、擀面杖、面刮板、馅挑、小碗等。
原　料：面粉、夹心肉糜、葱、姜等。
调味料：盐、糖、味精、料酒、胡椒粉、芝麻油等。

[知识链接]

木鱼水饺采用什么面团制作？
木鱼水饺采用冷水面团制作。
冷水面团采用怎样的调制工艺流程？
下粉 → 掺水 → 拌和 → 揉搓 → 饧面

木鱼水饺采用哪种成熟方法?
煮制法。

[成品要求]

色泽：洁白。
形态：饱满，大小均匀。
质感：皮薄馅多，口感鲜嫩。

扫二维码
观看制作视频

[边做边学]

操作步骤

拌制馅心　→　调制面团　→　搓条下剂　→　压剂擀皮　→　包馅成形　→　作品成熟

一、操作指南

操作前的准备

设备：面案操作台、炉灶、锅子、手勺、漏勺等。
用具：电子秤、擀面杖、面刮板、馅挑、小碗等。
原料：面粉、夹心肉糜、葱、姜等。
调味料：盐、糖、味精、料酒、胡椒粉、芝麻油等。

步骤1　拌制馅心

序　号 Number	流　程 Step	图　解 Comment	安全/质量 Safety/Quality
1	将夹心肉糜放入盛器内，加入盐、料酒、胡椒粉。		用馅挑调制，沿一个方向搅拌，使肉略有黏性。
2	先逐渐掺入葱姜汁水搅拌，然后加入糖和味精搅拌，再加入芝麻油。		加入葱姜汁水时搅拌，分两次加入葱姜汁水，拌至上劲为止。

步骤2 调制面团

序 号 Number	流 程 Step	图 解 Comment	安全/质量 Safety/Quality
1	将面粉围成窝状,将冷水倒入面粉中间,调拌面粉。		水要分次加入面粉中,不能一次加足水。
2	先将面粉调成"雪花状",再加少许水调制,揉成较硬面团。		左手用面刮板抄拌,右手配合揉面。
3	左手压着面团的另一头,右手用力揉面团,把面团揉光滑。		左右手要协调配合揉光面团。
4	用湿布或保鲜膜盖好面团,饧5～10分钟。		掌握好饧面时间。

步骤3 搓条、下剂

序 号 Number	流 程 Step	图 解 Comment	安全/质量 Safety/Quality
1	两手把面团从中间往两头搓拉成长条形。		两手用力要均匀,搓条时不要撒干面粉,以免条搓不长。
2	左手握住剂条,右手用力摘下剂子,每个剂子分量为8克。		左手用力不能过大,左右手配合要协调。

序 号 Number	流 程 Step	图 解 Comment	安全/质量 Safety/Quality
3	将面团摘成大小一致的剂子。		按照要求把握剂子的分量，每个剂子要求大小相同。

🍲 **步骤4　压剂、擀皮**

序 号 Number	流 程 Step	图 解 Comment	安全/质量 Safety/Quality
1	把右手放在剂子上方。剂子竖着往上，右手掌朝下压。		手掌朝下，不要用手指压剂子。
2	右手掌朝下，用力压扁剂子。		用力时，要把握轻重，不能压伤手。
3	把擀面杖放在压扁的剂子中间，左右手分别放在擀面杖的两端，上下转动擀面杖擀剂子，成薄形皮子。		擀面杖要压在皮子中间，两手掌放平。擀面杖不要压伤手，皮子要中间稍厚，四周稍薄。

🍲 **步骤5　包馅、成形**

序 号 Number	流 程 Step	图 解 Comment	安全/质量 Safety/Quality
1	左手托起皮子，右手拿馅挑把馅心放在皮子中间，每个馅心分量为10克。		馅心不能直接吃，要居中摆放。

中式点心制作

续表

序 号 Number	流 程 Step	图 解 Comment	安全/质量 Safety/Quality
2	左右手配合,将包住馅心的皮子对折成月牙形,两边粘住。		皮子要对折均匀,动作要轻。
3	左右手交叉,稍微用力对捏住饺子,自然捏出花纹。		两手用力要均匀,收口处面团不要太厚。

🍲 步骤6 成熟

序 号 Number	流 程 Step	图 解 Comment	安全/质量 Safety/Quality
1	把盛水的锅放在炉灶上,待水烧沸后,放入生水饺。		点火时,一定要小心,不要烧伤手。根据成品的数量决定水量的多少。沿着锅的边缘慢慢放入水饺,不要烫伤手指。
2	水饺放入后,用手勺轻轻地沿着锅底推水饺。		水饺不要粘在锅上。
3	煮水饺时用中火,待煮沸时,加入少许冷水,继续煮到饺子再浮起。		煮时火候不宜过大,以防皮子破损,馅心不熟。饺子外形饱满即熟。

二、实操演练

小组合作完成木鱼水饺制作任务,参照操作步骤与质量标准,进行小组技能实操训练,共同完成教师布置的任务。在操作中,要按照岗位需求来制作,质量符合作品要求。

1. 任务分配

(1)把学生分为4组,每组发1套馅心和制作的用具,学生把肉糜加入调味料拌成馅心。馅心口味应咸淡适中,有香味。

（2）每组发1套皮坯原料和制作工具，学生自己调制面团，经过搓条、下剂、压剂、擀皮、包馅、成形等步骤，包捏成木鱼形状的水饺，大小一致。

（3）提供炉灶、锅子、手勺、漏勺给学生，学生自己调节火候，煮熟水饺，品尝成品。水饺口味和形状符合要求，口感鲜嫩。

2. 操作条件

工作场地需要1间30平方米的实训室，设备需要炉灶4个，瓷盘8只，擀面杖、辅助工具8套，工作服15件，原材料等。

3. 操作标准

水饺要求皮薄馅多，口感鲜嫩，外形像木鱼。

4. 安全须知

水饺要煮熟才能食用。成熟时，要小心火候和锅中的水，不要烫伤手。

三、技能测评

表1-1

被评价者：＿＿＿＿＿＿＿＿＿＿＿

训练项目	训练重点	评价标准	小组评价	教师评价
木鱼水饺制作	拌制馅心	拌制时，按步骤操作，掌握调味品的加入量	Yes□/No□	Yes□/No□
	调制面团	调制面团时，符合规范操作，面团软硬恰当	Yes□/No□	Yes□/No□
	搓条、下剂	手法正确，按照要求把握剂子的分量，每个剂子大小相同	Yes□/No□	Yes□/No□
	压剂、擀皮	压剂、擀皮方法正确，皮子大小均匀，中间稍厚，四周稍薄	Yes□/No□	Yes□/No□
	包馅成形	馅心摆放居中，包捏手法正确，外形美观	Yes□/No□	Yes□/No□
	作品成熟	成熟方法正确，皮子不破损，馅心符合口味标准	Yes□/No□	Yes□/No□

评价者：＿＿＿＿＿＿＿＿＿＿＿

日　期：＿＿＿＿＿＿＿＿＿＿＿

[总结归纳]

总结教学重点，提炼操作要领

小组共同合作制作木鱼水饺。通过木鱼水饺的制作，掌握冷水面团的调制方法和水饺的包捏手法，制作不同形态的水饺。在完成任务的过程中，学会共同合作，自己动手制作木鱼水饺。

[重点要领]

教学重点

冷水面团的调制，饺子皮的擀制，木鱼水饺的包捏手法。

操作要领

水量要控制，面团揉光滑。

皮子擀圆整，中间稍厚，四周稍薄。

馅心要居中，馅心量要足。

包捏手法要正确，饺子形状如木鱼。

[岗课赛证　拓展提升]

学会木鱼水饺的制作方法。结合中式面点师初、中级资格证书的考核内容，举一反三，认真操练，牢固掌握面点制作的基本技能。了解各种水饺馅心的调制原理和制作方法，丰富水饺的品种。借助工具，拓展水饺外形的捏制，提高生产效率。融入各省市及全国职业院校职业技能大赛的评分标准，促进学生对知识、技能和方法的掌握，以及良好习惯的养成。

任务2　鲜肉小笼制作

[任务描述]

　　小笼包，也叫小笼、小笼馒头，个虽小却味美。一笼小笼馒头，看似简单，却凭着其鲜美的口感，成功征服了很多人。上海人常将小笼馒头称作小笼，就像长辈喊着小孩的乳名"小妩（nuán）"，格外亲切。吃小笼时，还流传着一个口诀："轻轻提，慢慢移，先开窗，后喝汤。"不然肆意流出的滚热汤汁，定会烫得你叫苦不迭。鲜肉小笼是中式点心的典型代表作，中外闻名。尤其是江浙沪一带的小笼，口味纯正，皮薄汁多，馅大鲜嫩，颇受大家喜爱。鲜肉小笼制作工艺比较复杂，体现较深包捏基本功。现在我们来学习鲜肉小笼制作。

[学习目标]

1. 会加工皮冻，拌制鲜肉小笼馅。

2. 会擀制鲜肉小笼的皮子。

3. 能包捏鲜肉小笼。

4. 掌握面点基础操作技能。

[任务实施]

边看
边想 —— 边做
边学 —— 总结
归纳 —— 拓展
提升

[边看边想]

相关知识
介绍

你知道吗？制作鲜肉小笼需要准备如下材料（主要设备、用具、原料、调味料如图所示）。

设　　备：面案操作台、炉灶、锅子、蒸笼、蒸屉等。

用　　具：电子秤、擀面杖、面刮板、馅挑、小碗等。

原　　料：面粉、夹心肉糜、猪肉皮、草鸡、蹄髈、葱、姜等。

调味料：盐、糖、酱油、味精、料酒、胡椒粉、芝麻油等。

[知识链接]

鲜肉小笼采用什么面团制作？

鲜肉小笼采用冷水面团制作。

冷水面团采用怎样的调制工艺流程？

下粉 → 掺水 → 拌和 → 揉搓 → 饧面

鲜肉小笼采用哪种成熟方法？

蒸制法。

[成品要求]

色泽：洁白。

形态：大小一致，花纹美观。

质感：皮薄馅大，口感鲜嫩。

扫二维码
观看制作视频

[边做边学]

操作步骤

拌制馅心 → 制作皮冻 → 调制面团 → 搓条下剂 → 压剂擀皮 → 包馅成形 → 作品成熟

一、操作指南

🍲 操作前准备

设备：面案操作台、炉灶、锅子、蒸笼、蒸屉等。

用具：电子秤、擀面杖、面刮板、馅挑、小碗等。

原料：面粉、夹心肉糜、猪肉皮、草鸡、蹄髈、葱、姜等。

调味料：盐、糖、酱油、味精、料酒、胡椒粉、芝麻油等。

🍲 步骤1 拌制馅心

序　号 Number	流　程 Step	图　解 Comment	安全/质量 Safety/Quality
1	将夹心肉糜放入盛器内，加入盐、酱油、料酒、胡椒粉。		用馅挑调制，沿一个方向搅拌，使肉略有黏性。
2	先逐渐掺入葱姜汁水搅拌，然后加入糖和味精搅拌，再加入芝麻油。		加入葱姜汁水时搅拌，分两次加入葱姜汁水，拌上劲为止。

🍲 步骤2 制作皮冻

序　号 Number	流　程 Step	图　解 Comment	安全/质量 Safety/Quality
1	先将猪肉皮、鸡、蹄髈放入锅内，加水煮沸，然后取出用刀刮去表面的污物，再用温水洗干净。		猪肉皮、鸡、蹄髈焯水后，一定要洗去污物，要小心，不要烫伤手。

续表

序 号 Number	流 程 Step	图 解 Comment	安全/质量 Safety/Quality
2	先将干净的猪肉皮放在汤盆中，然后加入整葱、姜、料酒等调味品，再加入2/3的清水上笼蒸。		用大汽蒸60分钟，注意蒸汽使用安全。
3	猪肉皮蒸烂后，取出，用刀切成碎粒，去除鸡、蹄髈。将切成碎粒的肉皮再放入原皮汤中，加入少许盐、胡椒粉、味精，用小火煮5分钟。		火不能过大，以防皮汤浑浊不清，不要烫伤手。汤汁冷却后，放入冰箱冷藏。
4	将皮冻取出切成小粒，与肉糜拌在一起，即成鲜肉小笼的馅心。		按肉糜300克、皮冻200克的比例调制成馅，注意刀具的安全。

步骤3 调制面团

序 号 Number	流 程 Step	图 解 Comment	安全/质量 Safety/Quality
1	面粉围成窝状，将冷水倒入面粉中间，用右手调拌面粉。		水要分次加入面粉中，不能一次加足水。
2	先将面粉调成"雪花状"，再加少许水调制，揉成较硬面团。		左手用面刮板抄拌，右手配合揉面。

11

续表

序 号 Number	流 程 Step	图 解 Comment	安全/质量 Safety/Quality
3	左手压着面团的另一头，右手用力揉面团，把面团揉光滑。		左右手要协调配合揉光面团。
4	用湿布或保鲜膜盖好面团，饧5～10分钟。		小笼面要比水饺面调制得软些。掌握好饧面时间。

步骤4 搓条、下剂

序 号 Number	流 程 Step	图 解 Comment	安全/质量 Safety/Quality
1	两手把面团从中间往两头搓拉成长条形。		两手用力要均匀，搓条时不要撒干面粉，以免条搓不长。
2	左手握住剂条，右手用力摘下剂子，每个剂子分量为10克。		左手用力不能过大，左右手配合要协调。
3	将面团摘成大小相同的剂子。		按照要求把握剂子的分量，每个剂子要求大小相同。

步骤5　压剂、擀皮

序　号 Number	流　程 Step	图　解 Comment	安全/质量 Safety/Quality
1	右手放在剂子上方。		左右手不要搞错。
2	剂子朝上，右手掌朝下压。		手掌朝下，不要用手指压剂子。
3	将擀面杖放在压扁的剂子中间，双手放在擀面杖的两边，上下转动擀面杖擀剂子，擀成薄形皮子。		擀面杖要压在皮子的中间，两手掌放平。擀面杖不要压伤手，皮子要中间稍厚，四周稍薄，皮子直径8厘米。

步骤6　包馅、成形

序　号 Number	流　程 Step	图　解 Comment	安全/质量 Safety/Quality
1	用左手托起皮子，右手拿馅挑把馅心放在皮子中间，每个馅心分量为20克。		馅心不能直接吃，要居中摆放。
2	左右手配合，将包住馅心的皮子捏成窝形。		左右手要配合，动作要轻。
3	左手托住皮子的边缘，右手的大拇指和食指捏住皮子的另一面打皱褶，自然捏出花纹成圆形的小笼。		两手动作要协调，花纹间距均匀，收口处面团不要太厚。

步骤7 成熟

序 号 Number	流 程 Step	图 解 Comment	安全/质量 Safety/Quality
1	将包完的小笼放在笼屉里，锅中的水烧沸后，才可以放入笼屉蒸。		笼屉里要垫上笼屉纸，以防粘着蒸笼，用大汽蒸5分钟，取下时要小心，不要烫伤手指。
2	小笼成品。		外形饱满即熟。

二、实操演练

小组合作完成鲜肉小笼制作任务，参照操作步骤与质量标准，进行小组技能实操训练，共同完成教师布置的任务。在操作中，要按照岗位需求来制作，质量符合作品要求。

1. 任务分配

（1）把学生分为4组，每组发1套馅心及制作的用具，学生把肉糜加入调味料拌成馅心。馅心咸甜适中，有汤汁。

（2）每组学生发1份生猪肉皮、草鸡、蹄髈、葱、姜等制作肉皮冻的原料。按组熬制一份皮冻。皮冻要求凝固体、透明状、无腥味、无油腻、香味浓。

（3）每组发1套皮坯原料和制作工具，学生自己调制面团，经过搓条、下剂、压剂、擀皮、包馅、成形等步骤，包捏成鲜肉小笼，大小一致。

（4）提供炉灶、锅子、蒸笼、蒸屉给学生，学生自己调节火候，蒸熟小笼，品尝成品。小笼口味及形状要符合要求，口感鲜嫩。

2. 操作条件

工作场地需要1间30平方米的实训室，设备需要炉灶4个，笼屉8只，擀面杖、辅助工具8套，工作服15件，原材料等。

3. 操作标准

小笼要求皮薄汁多，口感肥嫩，大小一致，花纹美观。

4. 安全须知

小笼要蒸熟才能食用。成熟时，要小心火候和蒸汽，不要烫伤手。

三、技能测评

表1-2

被评价者：_____

训练项目	训练重点	评价标准	小组评价	教师评价
鲜肉小笼制作	拌制馅心	拌制时，按步骤操作，掌握调味品的加入量	Yes□/No□	Yes□/No□
	制作皮冻	凝固体、透明状、无腥味、无油腻、香味浓	Yes□/No□	Yes□/No□
	调制面团	调制面团时，符合规范操作，面团软硬恰当	Yes□/No□	Yes□/No□
	搓条、下剂	手法正确，按照要求把握剂子的分量，每个剂子大小相同	Yes□/No□	Yes□/No□
	压剂、擀皮	压剂、擀皮方法正确，皮子大小均匀，中间稍厚，四周稍薄	Yes□/No□	Yes□/No□
	包馅成形	馅心摆放居中，包捏手法正确，外形美观	Yes□/No□	Yes□/No□
	作品成熟	成熟方法正确，皮子不破损，馅心符合口味标准	Yes□/No□	Yes□/No□

评价者：_____
日　　期：_____

[总结归纳]

总结教学重点，提炼操作要领

小组共同合作制作鲜肉小笼。通过鲜肉小笼的制作，掌握肉皮冻的熬制方法和提褶包的包捏手法，以后可以制作不同馅心的提褶包。在完成任务的过程中，学会共同合作，自己动手制作鲜肉小笼。

[重点要领]

教学重点

肉皮冻的熬制，皮冻与肉馅的比例，提褶包的包捏手法。

操作要领

皮冻熬前先焯水，去除血污和油腻。

清水洗净加葱姜，肉皮煮熟需熬烂。

皮冻和肉馅为1∶1，小笼皮子要擀薄。

馅心摆放要居中，包捏手法要正确。

[岗课赛证　拓展提升]

学会鲜肉小笼的制作方法。结合中式面点师初、中级资格证书的考核内容，举一反三，认真操练，牢固掌握面点制作的基本技能。在学会水饺皮坯擀制的基础上，进一步了解鲜肉小笼皮坯的擀制要求，掌握多种小笼馅心的调制原理和制作方法，丰富小笼的品种。在传统小笼面团调制中，选用天然蔬菜汁、瓜果等原料，改变传统皮坯的色泽，注重面点的美观。融入各省市及全国职业院校职业技能大赛的评分标准，促进学生对知识、技能和方法的掌握，以及良好习惯的养成。

 # 任务3　鸳鸯蒸饺制作

[任务描述]

鸳鸯蒸饺是酒席上常提供的点心，鸳鸯蒸饺有两种颜色的食物作装饰，色彩鲜艳，诱人食欲，口感鲜嫩，人们非常喜欢。鸳鸯蒸饺是怎样制作的？我们现在一起来学做。

[学习目标]

1.会拌制鸳鸯蒸饺馅。

2.会擀制鸳鸯蒸饺皮子。

3.能包捏鸳鸯蒸饺。

[任务实施]

边看边想　边做边学　总结归纳　拓展提升

[边看边想]

相关知识介绍

你知道吗？制作鸳鸯蒸饺需要准备如下材料（主要设备、用具、原料、调味料如图所示）。

设　备：面案操作台、炉灶、锅子、蒸笼、蒸屉等。

用　具：电子秤、擀面杖、面刮板、馅挑、小碗等。

原　料：面粉、夹心肉糜、胡萝卜、鸡蛋、葱、姜等。

调味料：盐、糖、味精、料酒、胡椒粉、芝麻油等。

[知识链接]

鸳鸯蒸饺采用什么面团制作？

鸳鸯蒸饺采用温水调制的面团制作。

温水面团采用怎样的调制工艺流程？

下粉 → 掺水 → 拌和 → 揉搓 → 饧面

鸳鸯蒸饺采用哪种成熟方法？

蒸制法。

[成品要求]

色泽：乳白，半透明。

形态：大小一致，外形美观。

质感：皮坯软爽，馅心鲜嫩。

扫二维码
观看制作视频

[边做边学]

操作步骤

拌制馅心 → 制作装饰物 → 调制面团 → 搓条下剂 → 压剂擀皮 → 包馅成形 → 作品成熟

一、操作指南

操作前准备

设备：面案操作台、炉灶、锅子、蒸笼、蒸屉等。
用具：电子秤、擀面杖、面刮板、馅挑、小碗等。
原料：面粉、夹心肉糜、胡萝卜、鸡蛋、葱、姜等。
调味料：盐、糖、味精、料酒、胡椒粉、芝麻油等。

步骤1　拌制馅心

序　号 Number	流　程 Step	图　解 Comment	安全/质量 Safety/Quality
1	先将夹心肉糜放入盛器内，再加入盐、料酒、胡椒粉。		用馅挑调制，沿一个方向搅拌，使肉略有黏性。
2	先逐渐掺入葱姜汁水搅拌，然后加入糖和味精搅拌，再加入芝麻油。		加入葱姜汁水时搅拌，分两次加入葱姜汁水，拌上劲为止。

步骤2　制作装饰物

序　号 Number	流　程 Step	图　解 Comment	安全/质量 Safety/Quality
1	将鸡蛋用水煮熟，取出用冷水冷却后切成蓉。		鸡蛋煮8分钟，要小心，不要烫伤手。
2	生胡萝卜用刀切成蓉。		两种原料分开加工成蓉，以防相互串色。加工时，当心刀具压在手背上。

步骤3　调制面团

序 号 Number	流 程 Step	图 解 Comment	安全/质量 Safety/Quality
1	先将面粉围成窝状，然后将温水倒入面粉中间，用右手调拌面粉。		水要分次加入面粉中，不能一次加足水。
2	先将面粉调成"雪花状"，再加少许水调制，揉成较硬面团。		左手用面刮板抄拌，右手配合揉面。
3	左手压着面团的另一头，右手用力揉面团，把面团揉光滑。		左右手要协调配合揉光面团。
4	用湿布或保鲜膜盖好面团，饧5～10分钟。		掌握好饧面时间，当面团稍微有一些硬时即可。

步骤4　搓条、下剂

序 号 Number	流 程 Step	图 解 Comment	安全/质量 Safety/Quality
1	两手把面团从中间往两头搓拉成长条形。		两手用力要均匀，搓条时不要撒干面粉，以免条搓不长。
2	左手握住剂条，右手用力摘下剂子，每个剂子分量为12克。		右手用力不能过大，左右手的位置不要搞错。左手用力不能过大，左右手配合要协调。

续表

序 号 Number	流 程 Step	图 解 Comment	安全/质量 Safety/Quality
3	将面团摘成大小一致的剂子。		按照要求把握剂子的分量，每个剂子要求大小相同。

🍲 步骤5 压剂、擀皮

序 号 Number	流 程 Step	图 解 Comment	安全/质量 Safety/Quality
1	右手放在剂子上方。		左右手不要搞错。
2	将剂子竖立，右手掌朝下压，用力压扁剂子。		手掌朝下，不要用手指压剂子，掌握好用力的轻重。
3	将擀面杖放在压扁的剂子中间，双手放在擀面杖的两边，上下转动擀面杖擀剂子，擀成薄形皮子。		擀面杖要压在皮子的中间，两手掌放平。擀面杖不要压伤手，皮子要中间稍厚，四周稍薄，皮子直径8厘米。

🍲 步骤6 包馅、成形

序 号 Number	流 程 Step	图 解 Comment	安全/质量 Safety/Quality
1	左手托起皮子，右手用馅挑把馅心放在皮子中间，每个馅心分量为8克。		馅心不能直接吃，要居中摆放。

续表

序 号 Number	流 程 Step	图 解 Comment	安全/质量 Safety/Quality
2	左右手配合,先将包住馅心的皮子捏成两只角,然后用右手将两个角对捏起,即成两个孔洞形状的饺子。		皮子要对折均匀,动作要轻。
3	在两个孔洞内加入蛋黄蓉、胡萝卜蓉。		两手用力要均匀,收口处面要捏住。

步骤7 成熟

序 号 Number	流 程 Step	图 解 Comment	安全/质量 Safety/Quality
1	将包完的鸳鸯蒸饺放在笼屉里,锅中的水烧沸后,才可以放入笼屉蒸。		笼屉里要垫上笼屉纸,以防粘着蒸笼,用大汽蒸5分钟,取下时要小心,不要烫伤手指。
2	鸳鸯蒸饺成品。		形态美观,色泽鲜艳,注意食品卫生。

二、实操演练

小组合作完成鸳鸯蒸饺制作任务,参照操作步骤与质量标准,进行小组技能实操训练,共同完成教师布置的任务。在操作中,要按照岗位需求来制作,质量符合作品要求。

1. 任务分配

（1）把学生分为4组,每组发1套馅心及制作的用具,学生把肉糜加入调味料拌成馅心。馅心咸甜适中,有香味。

（2）每组发1份蛋黄、胡萝卜等装饰原料。要求先煮熟鸡蛋,取出蛋黄再切成小粒。胡萝卜可以直接切成小粒用于鸳鸯蒸饺的装饰。

（3）每组发1套皮坯原料和制作工具,学生自己调制面团,经过搓条、下剂、压剂、擀皮、包馅、成形等步骤,包捏成鸳鸯蒸饺,大小一致。

中式点心制作

（4）提供炉灶、锅子、蒸笼、蒸屉给学生，学生自己调节火候，蒸熟饺子，品尝成品。蒸饺口味及形状符合要求，口感鲜嫩。

2. 操作条件

工作场地需要1间30平方米的实训室，设备需要炉灶4个，笼屉8只，擀面杖、辅助工具8套，工作服15件，原材料等。

3. 操作标准

鸳鸯蒸饺要求孔洞两边对称，形态美观，色泽鲜艳，口感鲜嫩。

4. 安全须知

蒸饺要蒸熟才能食用。成熟时，要小心火候和蒸汽，不要烫伤手。

三、技能测评

表1-3

被评价者：_____

训练项目	训练重点	评价标准	小组评价	教师评价
鸳鸯蒸饺制作	拌制馅心	拌制时，按步骤操作，掌握调味品的加入量	Yes□/No□	Yes□/No□
	调制面团	调制面团时，符合规范操作，面团软硬恰当	Yes□/No□	Yes□/No□
	搓条、下剂	手法正确，按照要求把握剂子的分量，每个剂子大小相同	Yes□/No□	Yes□/No□
	压剂、擀皮	压剂、擀皮方法正确，皮子大小均匀，中间稍厚，四周稍薄	Yes□/No□	Yes□/No□
	包馅成形	馅心摆放居中，包捏手法正确，孔洞要对称	Yes□/No□	Yes□/No□
	作品成熟	成熟方法正确，皮子不破损，馅心符合口味标准	Yes□/No□	Yes□/No□

评价者：_____

日　期：_____

[总结归纳]

总结教学重点，提炼操作要领

小组共同合作制作鸳鸯蒸饺。通过鸳鸯蒸饺的制作，掌握鸳鸯蒸饺的包捏手法，以后可以包捏不同形态的花色蒸饺。在完成任务的过程中，学会共同合作，自己动手制作鸳鸯蒸饺。把作品转化为产品，为以后的就业提供技能。

[重点要领]

教学重点

蒸饺皮坯的擀制，鸳鸯蒸饺的包捏手法。

操作要领

用50～60 ℃温水，面团软硬要适宜。

皮子中间稍厚，四周稍薄，馅心摆放要居中。

两个孔洞捏制对称，包捏手法要正确。

装饰原料摆放美观，成熟要掌握时间。

[岗课赛证　拓展提升]

学会鸳鸯蒸饺的制作方法。结合中式面点师初、中级资格证书的考核内容，举一反三，认真操练，牢固掌握面点制作的基本技能。在鲜肉小笼学习的基础上，了解花式蒸饺馅心与小笼馅心的不同之处，蒸饺和小笼外形的变化。掌握各种花式蒸饺馅心的调制原理和制作方法，丰富蒸饺的花样和品种。在传统面团调制中，选用天然蔬菜、瓜果等原料，改变传统皮坯的色泽，注重面点的美观。融入各省市及全国职业院校职业技能大赛的评分标准，促进学生对知识、技能和方法的掌握，以及良好习惯的养成。

任务4　糯米烧卖制作

[任务描述]

烧卖是非常惹人喜爱的特色小吃。据说烧卖起源于包子。烧卖与包子的主要区别除了使用未发酵的面制皮外，还在于顶部不封口，做石榴状。烧卖，最早称稍麦，以面作皮，以肉为馅，当顶做花蕊。到了明清时期，虽然"稍麦"一词仍然沿用，但是"烧卖""烧麦"的名称也出现了，并且以"烧卖"出现得更为频繁。

糯米烧卖是平时早餐常供应的点心。糯米烧卖是淮扬点心的代表品种，也是南方人非常喜欢的点心之一。糯米烧卖口感香糯，外形美观，其带荷叶花边的皮子非常漂亮。现在我们来学习烧卖制作。

[学习目标]

1. 会烹制糯米烧卖馅。

2. 会擀制烧卖皮子。

3. 能包捏糯米烧卖。

[任务实施]

边看
边想 ── 边做
边学 ── 总结
归纳 ── 拓展
提升

[边看边想]

相关知识
介绍

你知道吗？ 制作糯米烧卖需要准备如下材料（主要设备、用具、原料、调味料如图所示）。

设 备：面案操作台、炉灶、锅子、蒸笼、蒸屉等。

用 具：电子秤、擀面杖、面刮板、馅挑、小碗等。

原 料：面粉、肋条肉、糯米、葱、姜等。

调味料：酱油、料酒、盐、糖、味精、胡椒粉、芝麻油等。

[知识链接]

糯米烧卖的皮坯采用什么面团制作？

糯米烧卖的皮坯采用热水面团制作。

糯米烧卖采用哪种成熟方法？

蒸制法。

怎样加工馅心？

预先蒸熟糯米待用，肋条肉焯水去除血污，烧至八成熟后取出切成小肉丁。先将葱、姜用油煸香后倒入肉丁煸炒，然后加入肉汤、酱油、盐、糖、胡椒粉等调味料烧开，再加入糯米饭拌匀烧入味，最后加入味精、芝麻油、葱花。

[成品要求]

色泽：乳白，半透明。

形态：大小一致，花边均匀。

质感：皮坯软糯，馅心香鲜糯。

扫二维码
观看制作视频

[边做边学]

操作步骤

一、操作指南

操作前准备

设备：面案操作台、炉灶、锅子、蒸笼、蒸屉等。

用具：电子秤、擀面杖、面刮板、馅挑、小碗等。

原料：面粉、肋条肉、糯米、葱、姜等。

调味料：盐、糖、酱油、料酒、味精、胡椒粉、芝麻油等。

步骤1　烹制糯米馅

序 号 Number	流 程 Step	图 解 Comment	安全/质量 Safety/Quality
1	将肋条肉放入锅中加入水煮至八成熟取出，用刀把煮熟的肉切成小肉丁。		用中火煮约20分钟，取出切成2厘米见方大小的丁。注意刀具的安全，要小心，不要切伤手指。
2	糯米淘洗干净，用冷水浸泡2小时，放在蒸笼里蒸熟。		蒸约25分钟，蒸时应注意，不要将蒸锅里的水蒸干。
3	炒锅里加入精制油烧热，先加入葱、姜末煸香，然后加入熟肉丁，再加入料酒、胡椒粉、酱油、糖、肉汤一起烧入味。		肉汤要稍微多点，调味料加入稍许重些，口味要浓，咸中带甜。
4	先加入糯米饭搅拌，再加入味精、芝麻油，成糯米馅。		烹制时，应注意不要让糯米饭粘底，防止将馅心炒焦。

步骤2 调制面团

序 号 Number	流 程 Step	图 解 Comment	安全/质量 Safety/Quality
1	将面粉围成窝状，再将沸水倒入面粉中间，用右手调拌面粉。		沸水要一次加入面粉中，不能分次加。调制时，水不要烫着手。
2	先将面粉调成"雪花状"，再加少许冷水调制，将面粉揉成较硬面团。		左手用面刮板抄拌，右手配合揉面。
3	左手压着面团的另一头，右手用力揉面团，将面团揉光洁。		左右手要协调配合揉光面团，去除面团中的热气。
4	用湿布或保鲜膜盖好面团，饧面5～10分钟。		掌握好饧面的时间。

步骤3 搓条、下剂

序 号 Number	流 程 Step	图 解 Comment	安全/质量 Safety/Quality
1	两手把面团从中间往两头搓拉成长条形。		两手用力要均匀，搓条时不要撒干面粉，以免条搓不长。
2	左手握住剂条，右手用力摘下剂子，每个剂子分量为12克。		左手用力不能过大，左右手配合要协调。

序　号 Number	流　程 Step	图　解 Comment	安全/质量 Safety/Quality
3	将面团摘成大小一致的剂子。		按照要求把握剂子的分量，每个剂子要求大小相同。

步骤4　压剂、擀皮

序　号 Number	流　程 Step	图　解 Comment	安全/质量 Safety/Quality
1	将右手放在剂子上方。		左右手不要搞错。
2	将剂子竖立，右手掌朝下压，用力压扁剂子。		手掌朝下，不要用手指压剂子，用力要注意轻重。
3	先在剂子四周放一些干面粉，再将擀面杖放在压扁的剂子中间。双手放在擀面杖的两边。		擀面杖要压在皮子的中间，两手掌放平，干粉要多。
4	双手上下转动擀面杖擀剂子，成薄圆形皮子。		擀面杖不要压伤手，皮子要中间稍厚，四周稍薄，皮子直径约8.5厘米。
5	将擀面杖移到皮子的右边缘，右手用力稍重，左手配合前后转动，滚出荷叶状的花边。		左右手要配合协调，一边擀制，一边放干粉。

🍲 **步骤5　包馅、成形**

序　号 Number	流　程 Step	图　解 Comment	安全/质量 Safety/Quality
1	左手托起皮子，右手用馅挑把馅心放在皮子中间，每个馅心分量为20克。		抖去干面粉，馅心摆放要居中。
2	左手慢慢拢上皮子包住馅心，右手用馅挑朝中间嵌馅心，花纹均匀地摆放整齐。		左右手包馅配合协调，动作要轻。

🍲 **步骤6　成熟**

序　号 Number	流　程 Step	图　解 Comment	安全/质量 Safety/Quality
1	将包完的糯米烧卖放在笼屉里，锅中的水烧沸后，才可以放入笼屉蒸。		笼屉里要垫上笼屉纸，以防粘着蒸笼。用大汽蒸5分钟，取下时要小心，不要烫伤手。
2	糯米烧卖成品。		形态美观，口味香糯，注意食品卫生。

二、实操演练

　　小组合作完成糯米烧卖制作任务，参照操作步骤与质量标准，进行小组技能实操训练，共同完成教师布置的任务。在操作中，要按照岗位需求来制作，质量符合作品要求。

　　1. 任务分配

　　（1）把学生分为4组，每组发1套馅心及制作的用具，学生把肉丁、糯米加入调味料烹制成馅心。馅心咸中带甜，糯香味浓。

　　（2）每组发1套皮坯原料和制作工具，学生自己调制面团，经过搓条、下剂、压剂、擀皮、包馅、成形等步骤，包捏成糯米烧卖，大小一致，形态美观。

　　（3）提供炉灶、锅子、蒸笼、蒸屉给学生，学生自己调节火候，蒸熟烧卖，品尝成品。

烧卖口味及形状符合要求，口感香糯。

2. 操作条件

工作场地需要1间30平方米的实训室，设备需要炉灶4个，蒸笼4个，擀面杖、辅助工具8套，工作服15件，原材料等。

3. 操作标准

糯米烧卖要求皮子擀制时中间稍厚，四周稍薄，花边均匀，包捏美观，口感香糯。

4. 安全须知

烧卖要蒸熟才能食用。成熟时，要小心火候和蒸汽，不要烫伤手。

三、技能测评

表1-4

被评价者：_____

训练项目	训练重点	评价标准	小组评价	教师评价
糯米烧卖制作	烹制馅心	烹制时按步骤操作，掌握调味品的加入量	Yes□/No□	Yes□/No□
	调制面团	调制面团时，符合规范操作，面团软硬恰当	Yes□/No□	Yes□/No□
	搓条、下剂	手法正确，按照要求把握剂子的分量，每个剂子大小相同	Yes□/No□	Yes□/No□
	压剂、擀皮	压剂、擀皮方法正确，皮子大小均匀，中间稍厚，四周稍薄	Yes□/No□	Yes□/No□
	包馅成形	馅心摆放居中，包捏手法正确，花纹均匀	Yes□/No□	Yes□/No□
	作品成熟	成熟方法正确，形态不破坏，馅心符合口味标准	Yes□/No□	Yes□/No□

评价者：_____

日　期：_____

[总结归纳]

总结教学重点，提炼操作要领

小组共同合作制作糯米烧卖。通过糯米烧卖的制作，掌握糯米烧卖的包捏手法，以后可以包捏不同馅心的烧卖。在完成任务的过程中，学会共同合作，自己动手制作糯米烧卖。把作品转化为产品，为以后的就业提供技能。

[重点要领]

教学重点

烧卖皮坯的擀制，糯米烧卖的包捏手法。

操作要领

烹制糯米馅要防焦，糯米馅心口味要浓。

用80～100 ℃热水，调制面团速度要快。

皮子中间稍厚，四周稍薄，要金钱底荷叶花边。

馅心多，摆放要居中，用拢上法包捏成形。

[岗课赛证　拓展提升]

学会糯米烧卖的制作方法。结合中式面点师初、中级资格证书的考核内容，举一反三，认真操练，牢固掌握面点制作的基本技能。了解各种烧卖馅心的调制原理和制作方法，丰富烧卖的花样和品种。借助工具，拓展烧卖点心的包捏，提高生产效率。在传统面团调制中，选用天然蔬菜、瓜果等原料，改变传统皮坯的色泽，注重面点的美观。融入各省市及全国职业院校职业技能大赛的评分标准，促进学生对知识、技能和方法的掌握，以及良好习惯的养成。

任务5　虾肉锅贴制作

[任务描述]

锅贴，中国北方的传统小吃之一，全国其他地区皆有分布。锅贴属于煎烙馅类的小点心，根据季节的不同，可以搭配不同鲜蔬菜、水产品。锅贴的形状各地不同，一般是细长饺子形状，但南方的锅贴包制时会捏有花纹。虾肉锅贴，是在馅料中加入虾仁，馅味更香美。包制虾肉锅贴时，一般是馅面各半，成月牙形。成熟后的锅贴底面成金黄色，酥脆，面皮软韧。虾肉锅贴成品灌汤流油，色泽黄焦，鲜美溢口。现在我们来学习虾肉锅贴制作。

[学习目标]

1. 会拌制虾肉锅贴馅。

2. 会擀制锅贴皮子。

3. 会包捏虾肉锅贴。

4. 会煎制虾肉锅贴。

[任务实施]

边看
边想　→　边做
边学　→　总结
归纳　→　拓展
提升

[边看边想]

相关知识
介绍

你知道吗？制作虾肉锅贴需要准备如下材料（主要设
　　　备、用具、原料、调味料如图所示）。
设　　备：面案操作台、平底炉、不粘锅、铲板等。
用　　具：电子秤、擀面杖、面刮板、馅挑、小碗等。
原　　料：面粉、肉糜、虾仁、葱、姜等。
调味料：盐、糖、料酒、味精、胡椒粉、芝麻油等。

[知识链接]

虾肉锅贴的皮坯采用什么面团制作？
虾肉锅贴的皮坯采用热水面团制作。

虾肉锅贴采用哪种成熟方法？
煎制法。

怎样加工馅心？
　　先将夹心肉糜放入盛器内，然后加入盐、料酒、胡椒粉等，逐渐掺入葱姜汁水搅拌，
再加入糖和味精搅拌，最后加入芝麻油。虾仁加盐处理，洗干净，挤干水，拌入调完味的
肉馅里。

[成品要求]

色泽：乳白，半透明。
形态：大小一致，花纹均匀。
质感：皮坯软糯，馅心鲜香。

扫二维码
观看制作视频

[边做边学]

操作步骤

拌制虾肉馅 → 调制面团 → 搓条下剂 → 压剂擀皮 → 包馅成形 → 作品成熟

一、操作指南

🍲 操作前准备

设备：面案操作台、平底炉、不粘锅、铲板等。

用具：电子秤、擀面杖、面刮板、馅挑、小碗等。

原料：面粉、夹心肉糜、虾仁、葱、姜等。

调味料：盐、糖、料酒、味精、胡椒粉、芝麻油等。

🍲 步骤1 拌制虾肉馅

序 号 Number	流 程 Step	图 解 Comment	安全/质量 Safety/Quality
1	先将夹心肉糜放入盛器内，然后加入盐、料酒、胡椒粉。		用馅挑调制，沿一个方向搅拌，使肉略有黏性。
2	先逐渐掺入葱姜汁水搅拌，然后加入糖和味精搅拌，再加入芝麻油。		一边加入葱姜汁水一边搅拌，分两次加入葱姜汁水，拌上劲为止。
3	虾仁加盐，洗干净，挤干水，拌入调完味的肉馅里。		先将虾仁和肉馅拌和在一起，再添加少许盐、胡椒粉、味精等调味料。

🍲 步骤2　调制面团

序　号 Number	流　程 Step	图　解 Comment	安全/质量 Safety/Quality
1	先将面粉围成窝状，然后将沸水倒入面粉中间，再用右手调拌面粉。		沸水要一次加入面粉中，不能分次加。调制时，应注意安全，不要烫着手。
2	将面粉调成"雪花状"，加少许冷水，揉成较硬面团。		左手用面刮板抄拌，右手配合揉面。
3	左手压着面团的另一头，右手用力揉面团，将面团揉光洁。		左右手要协调配合，揉光面团，去除面团中的热气。
4	用湿布或保鲜膜盖好面团，饧5～10分钟。		掌握好饧面时间。

🍲 步骤3　搓条、下剂

序　号 Number	流　程 Step	图　解 Comment	安全/质量 Safety/Quality
1	两手把面团从中间往两头搓拉成长条形。		两手用力要均匀，搓条时不要撒干面粉，以免条搓不长。
2	左手握住剂条，右手捏住剂条的上面，右手用力摘下剂子。		左手用力不能过大，左右手配合要协调。

续表

序 号 Number	流 程 Step	图 解 Comment	安全/质量 Safety/Quality
3	将面团摘成大小一致的剂子，每个剂子分量为15克。		把握剂子的分量，每个剂子要求大小相同。

步骤4　压剂、擀皮

序 号 Number	流 程 Step	图 解 Comment	安全/质量 Safety/Quality
1	将剂子竖立，右手放在剂子上方。		手掌朝下，不要用手指压剂子。
2	右手掌朝下，用力压扁剂子。		用力要把握轻重，不要压伤手。
3	将擀面杖放在压扁的剂子中间，将双手放在擀面杖的两边，上下转动擀面杖擀剂子，擀成薄形皮子。		擀面杖要压在皮子的中间，两手掌放平。擀面杖不要压伤手，皮子要中间稍厚，四周稍薄，皮子直径8厘米。

步骤5　包馅、成形

序 号 Number	流 程 Step	图 解 Comment	安全/质量 Safety/Quality
1	左手托起皮子，右手用馅挑把馅心放在皮子中间，每个馅心分量约18克。		抖去干面粉，馅心摆放要居中。

续表

序　号 Number	流　程 Step	图　解 Comment	安全/质量 Safety/Quality
2	先用左手慢慢拢上皮子包住馅心，后面的皮子不要超过前面的皮子，再用右手的食指和大拇指在后面打出皱纹。		左右手包馅配合协调，皱纹间距要均匀，动作要轻。

 步骤6　成熟

序　号 Number	流　程 Step	图　解 Comment	安全/质量 Safety/Quality
1	将平底锅放在平炉上，里面加入少许精制油烧热，把生的锅贴整齐地放在中间。		煎锅洗干净，锅烧热再放入油。
2	先稍许煎一下，再加入水，加盖开中火烧干水，打开锅盖再加入少许油，开小火煎黄锅贴底部。		火候不宜太大，应掌握煎锅贴的时间。同时应小心，不要将油溅到手上造成烫伤。

二、实操演练

小组合作完成虾肉锅贴制作任务，参照操作步骤与质量标准，进行小组技能实操训练，共同完成教师布置的任务。在操作中，要按照岗位需求来制作，质量符合作品要求。

1. 任务分配

（1）把学生分为4组，每组发1套馅心及制作的用具，学生把肉糜、虾仁加入调味料拌制成馅心。馅心为咸鲜味，口感鲜嫩。

（2）每组发1套皮坯原料和制作工具，学生自己调制面团，经过搓条、下剂、压剂、擀皮、包馅、成形等步骤，包捏成虾肉锅贴，大小一致，形态美观。

（3）提供炉灶、不粘锅、铲板给学生，学生自己调节火候，煎熟锅贴，品尝成品。锅贴口味及形状符合要求，口感鲜嫩，皮坯香脆。

2. 操作条件

工作场地需要1间30平方米的实训室，设备需要炉灶4个，蒸笼4个，擀面杖、辅助工具8套，工作服15件，原材料等。

3. 操作标准

虾肉锅贴要求皮子擀制时中间稍厚，四周稍薄，花纹均匀，包捏美观，口感鲜香。

4. 安全须知

锅贴要煎熟才能食用。成熟时，要小心火候和油，不要烫伤手。

三、技能测评

表1-5

被评价者：_____

训练项目	训练重点	评价标准	小组评价	教师评价
虾肉锅贴制作	拌制馅心	拌制时，按步骤操作，掌握调味品的加入量	Yes□/No□	Yes□/No□
	调制面团	调制面团时，符合规范操作，面团软硬适中	Yes□/No□	Yes□/No□
	搓条、下剂	手法正确，按照要求把握剂子的分量，每个剂子大小相同	Yes□/No□	Yes□/No□
	压剂、擀皮	压剂、擀皮方法正确，剂子大小均匀，中间稍厚，四周稍薄	Yes□/No□	Yes□/No□
	包馅成形	馅心摆放居中，包捏手法正确，外形美观	Yes□/No□	Yes□/No□
	作品成熟	成熟方法正确，皮子不破损，馅心符合口味标准	Yes□/No□	Yes□/No□

评价者：_____

日　期：_____

[总结归纳]

总结教学重点，提炼操作要领

小组共同合作制作虾肉锅贴。通过虾肉锅贴的制作，掌握虾肉锅贴的包捏手法，以后可以包捏不同馅心的锅贴。在完成任务的过程中，学会共同合作，自己动手制作虾肉锅贴。把作品转化为产品，为以后的就业提供技能。

[重点要领]

教学重点

虾肉锅贴的包捏手法，锅贴的成熟。

操作要领

拌制虾肉馅要防腥，馅心口味要鲜香嫩。

用80～100 ℃的水，调制面团速度要快。

皮子中间稍厚，四周稍薄，擀制皮子干粉要少。

馅心多，摆放要居中，包捏时用推捏法。

[岗课赛证　拓展提升]

学会虾肉锅贴的制作方法。结合中式面点师初、中级资格证书的考核内容，举一反三，认真操练，牢固掌握面点的基本技能。了解各种锅贴馅心的调制原理和制作方法，丰富锅贴的花样和品种。借助工具，拓展锅贴点心的捏制，提高生产效率。在传统面团调制中，选用天然蔬菜、瓜果等原料，改变传统皮坯的色泽，注重面点的美观。融入各省市和全国职业院校职业技能大赛的评分标准，促进学生对知识、技能和方法的掌握，以及良好习惯的养成。

任务6　素菜包制作

[任务描述]

素菜包是上海地方特色点心。因为上海人喜欢把包子称为馒头，所以素菜包又称菜馒头。在北宋徽宗之前没有"菜包子"这个称呼，那时候素馅包子通常被称为酸馅或馂酸馅。上海老字号春风松月楼始创于1910年，距今已有100多年历史，它的素菜包、素面等素食闻名上海。春风松月楼的素菜包之所以好吃，就在于其选料精细，制作工艺独特。现在我们来学习素菜包制作。

[学习目标]

1. 会拌素菜馅。
2. 会调制膨松面团。
3. 会包捏素菜包。

[任务实施]

边看边想　边做边学　总结归纳　拓展提升

[边看边想]

相关知识介绍

你知道吗？制作素菜包需要准备如下材料（主要设备、用具、原料、调味料如图所示）。

设　备：面案操作台、炉灶、锅子、蒸笼等。

用　具：电子秤、擀面杖、面刮板、馅挑、小碗等。

原　料：面粉、青菜、香菇、黑木耳、冬笋、葱、姜等。

调味料：盐、糖、味精、胡椒粉、精制油、芝麻油等。

[知识链接]

素菜包的皮坯采用什么面团制作？

素菜包的皮坯采用膨松面团制作。

素菜包采用哪种成熟方法？

蒸制法。

怎样加工馅心？

将青菜放入沸水锅内烫八成熟后取出浸入冷水中，挤干水，用刀切成粗粒，加入盐、糖、味精、精制油、芝麻油拌制。水发香菇、黑木耳、冬笋（或竹笋）。用刀切成细粒，用油煸炒待冷却后，掺入拌好的青菜即成素菜馅。

[成品要求]

色泽：洁白，有光泽。

形态：大小一致，花纹美观。

质感：皮坯松软，馅心碧绿香鲜。

扫二维码
观看制作视频

[边做边学]

操作步骤

拌制素菜馅 → 调制面团 → 搓条下剂 → 压剂擀皮 → 包馅成形 → 作品成熟

一、操作指南

操作前准备

设备：面案操作台、炉灶、锅子、蒸笼、蒸屉等。
用具：电子秤、擀面杖、面刮板、馅挑、小碗等。
原料：面粉、青菜、香菇、黑木耳、冬笋、葱、姜等。
调味料：盐、糖、味精、胡椒粉、精制油、芝麻油等。

步骤1　拌制素菜馅

序　号 Number	流　程 Step	图　解 Comment	安全/质量 Safety/Quality
1	将干香菇、黑木耳用冷水浸泡1个小时，取出洗干净，用刀切成细粒，冬笋焯水切成细粒。		分别将香菇和黑木耳加工成细粒。小心刀具，不要切伤手。
2	先在炒锅里加入精制油，烧热后，加入少许葱、姜末煸香，再加入香菇、冬笋煸炒，接着加入盐、糖等调味料，最后加入黑木耳、味精、芝麻油，即成素什锦馅。		香菇要煸香，黑木耳要后放以防爆伤手，味要稍浓。注意火候。
3	先将青菜洗干净，用沸水烫至八成熟后浸入冷水冷却，挤干水切成细粒，再挤去水，放入盛器里加入盐、糖、味精等调味料拌匀，最后加入精制油拌和。		青菜烫完后要尽快用冷水冷却，以免菜黄，水要挤干。小心刀具，不要伤着手。
4	将素什锦馅和素菜馅拌和在一起，即成素菜馅。		菜和素什锦的比例为6：4，馅心油稍多。

步骤2 调制面团

序 号 Number	流 程 Step	图 解 Comment	安全/质量 Safety/Quality
1	将面粉围成窝状，酵母、糖放入中间，泡打粉撒在粉的上面，中间加入温水，用右手调拌面粉。		冬季用偏热的温水，春秋两季用偏冷的温水，夏季用冷水调制面团。调制时，水要分次加入。
2	将面粉调成"雪花状"，加少许温水，揉成较软面团。		左手用面刮板抄拌，右手配合揉面。小心面刮板，不要刮伤手。
3	左手压着面团的另一头，右手用力揉面团，把面团揉光洁。		左右手要协调配合，揉光面团。
4	用湿布或保鲜膜盖好面团，饧5~10分钟。		掌握好饧面时间。

步骤3 搓条、下剂

序 号 Number	流 程 Step	图 解 Comment	安全/质量 Safety/Quality
1	两手将面团从中间往两头搓拉成长条形。		两手用力要均匀，搓条时不要撒干面粉，以免条搓不长。
2	左手握住剂条，右手捏住剂条的上面，右手用力摘下剂子。		左手用力不能过大，左右手配合要协调。

续表

序　号 Number	流　程 Step	图　解 Comment	安全/质量 Safety/Quality
3	将面团摘成大小一致的剂子，每个剂子分量为35克。		按照要求把握剂子的分量，每个剂子要求大小相同。

步骤4　压剂、擀皮

序　号 Number	流　程 Step	图　解 Comment	安全/质量 Safety/Quality
1	将右手放在剂子上方。		左右手不要搞错。
2	将剂子竖立，右手掌朝下压。		手掌朝下，不要用手指压剂子。
3	左手拿着剂子的左边，右手用擀面杖擀皮子的边缘。		擀面杖要压在皮子的边缘，两手要协调配合。
4	右手擀的同时，左手转动皮子，擀成薄圆形皮子。		擀面杖不要压伤手，皮子要中间稍厚，四周稍薄。

步骤5　包馅、成形

序　号 Number	流　程 Step	图　解 Comment	安全/质量 Safety/Quality
1	左手托起皮子，右手用馅挑把馅心放在皮子中间，每个馅心分量约20克。		抖去皮子上的干面粉，馅心摆放要居中。
2	左手提着皮子的左边缘，右手慢慢拢上皮子包住馅心，再用右手的食指及大拇指在后面打出褶皱。		左右手包馅配合协调，褶皱间距要均匀，动作要轻。

步骤6　成熟

序　号 Number	流　程 Step	图　解 Comment	安全/质量 Safety/Quality
1	将包完的素菜包放在蒸笼里加盖，放在暖热的地方饧发40分钟。		素菜包之间要有间距，以免蒸熟后粘着。
2	待包子饧发至体积增大，放在蒸汽锅中蒸8分钟。		包子一定要饧发足，才可以成熟。小心蒸汽，不要烫伤手。
3	素菜包成品。		形态美观，口味香鲜。注意食品卫生。

二、实操演练

小组合作完成素菜包制作任务，参照操作步骤与质量标准，进行小组技能实操训练，共同完成教师布置的任务。在操作中，要按照岗位需求来制作，质量符合作品要求。

1. 任务分配

（1）把学生分为4组，每组发1套馅心及制作的用具，学生把青菜、香菇、黑木耳、冬笋加入调味料拌制成馅心。馅心口味应咸中带甜，口味鲜香。

（2）每组发1套皮坯原料和制作工具，学生自己调制面团，经过搓条、下剂、压剂、擀皮、包馅、成形等步骤，包捏的素菜包，大小一致，形态美观。

（3）提供炉灶、锅子、蒸笼、蒸屉给学生，学生自己调节火候，蒸熟包子，品尝成品。素菜包口味及形状符合要求，口感鲜香，皮坯松软。

2. 操作条件

工作场地需要1间30平方米的实训室，设备需要炉灶4个，蒸笼4个，擀面杖、辅助工具8套，工作服15件，原材料等。

3. 操作标准

素菜包要求皮子松软，饧发适中，花纹均匀，包捏美观，口感香鲜。

4. 安全须知

素菜包要蒸熟才能食用。成熟时，要小心火候和蒸汽，不要烫伤手。

三、技能测评

表1-6

被评价者：＿＿＿＿＿＿＿＿＿＿

训练项目	训练重点	评价标准	小组评价	教师评价
素菜包制作	拌制馅心	拌制时，按步骤操作，掌握调味品的加入量	Yes□/No□	Yes□/No□
	调制面团	调制面团时，符合规范操作，面团软硬适中	Yes□/No□	Yes□/No□
	搓条、下剂	手法正确，按照要求把握剂子的分量，每个剂子大小相同	Yes□/No□	Yes□/No□
	压剂、擀皮	压剂、擀皮方法正确，皮子大小均匀，中间稍厚，四周稍薄	Yes□/No□	Yes□/No□
	包馅成形	馅心摆放居中，包捏手法正确，花纹均匀	Yes□/No□	Yes□/No□
	作品成熟	成熟方法正确，皮子松软，馅心符合口味标准	Yes□/No□	Yes□/No□

评价者：＿＿＿＿＿＿＿＿＿＿

日　期：＿＿＿＿＿＿＿＿＿＿

[总结归纳]

总结教学重点，提炼操作要领

小组共同合作制作素菜包。通过素菜包的制作，掌握素菜包的包捏手法，以后可以包捏不同馅心的包子。在完成任务的过程中，学会共同合作，自己动手制作素菜包。把作品转化为产品，为以后的就业提供技能。

[重点要领]

教学重点

素菜馅的拌制，素菜包的包捏手法。

操作要领

烫菜水要沸，烫后要冷却。

投料要恰当，水温要适中。

面团揉光洁，剂子大小匀。

皮子擀圆形，馅心要居中。

包捏要正确，注意花纹美。

把握饧发度，蒸制要盖好。

[岗课赛证　拓展提升]

学会素菜包的制作方法。根据中式面点师初、中级资格证书的考核内容所必须具备的专业技能程度、实践能力和素质要求，调整人才培养质量标准。了解各种包子馅心的调制原理，注意掌握各种不同原料的性质、特点和营养价值，采取不同的加工和调制方法，举一反三。融入各省市和全国职业院校职业技能大赛的评分标准，促进学生对知识、技能和方法的掌握，以及良好习惯的养成。

模块 2

节庆点心制作

【模块描述】

通过学习节庆点心制作这一模块，了解中式面点传统饮食文化。在继承我国传统饮食文化的基础上，激发学生学习中式面点的兴趣。

掌握节庆点心的制作方法，符合点心师初、中级技能标准，符合中式面点师岗位需求。

【模块目标】

1. 会调制油酥面团，并用油酥面团制作鲜肉月饼。
2. 会调制米粉面团，并用米粉面团制作豆沙青团、蟹粉肉汤团。
3. 会包粽子。

【模块任务】

任务1　鲜肉月饼制作
任务2　豆沙青团制作
任务3　蛋黄肉粽制作
任务4　蟹粉肉汤团制作

任务1　鲜肉月饼制作

[任务描述]

中秋节的起源很早，在《周礼》中便有"中秋迎寒"记载。而从唐朝古诗词中可以了解

到，唐朝时过中秋已成为一种习俗。到了宋朝，更成了当时最重要的节日之一，规模更大，节味也更浓。鲜肉月饼属于苏式月饼的一种咸味月饼。苏式月饼起源于苏州，在苏州一直保持着传统的加工工艺，目前已经形成了30多个品种，最著名的有胥城鲜肉月饼和长发鲜肉月饼。苏式月饼流行于江南（沪苏浙）一带，目前在全国也流传很广。现在我们就来学习鲜肉月饼制作。

[学习目标]

1. 会调制油酥面团。
2. 会擀制层酥皮坯。
3. 会拌制鲜肉月饼馅。
4. 会制作鲜肉月饼。

[任务实施]

边看边想 → 边做边学 → 总结归纳 → 拓展提升

[边看边想]

相关知识介绍

你知道吗？制作鲜肉月饼需要准备如下材料（主要设备、用具、原料、调味料如图所示）。

设 备：面案操作台、烤箱、烤盘、铲子等。
用 具：电子秤、擀面杖、面刮板、馅挑、刷子、小碗等。
原 料：面粉、夹心肉糜、麦芽糖、葱、姜等。
调味料：盐、糖、味精、胡椒粉、酱油、芝麻油等。

[知识链接]

鲜肉月饼采用什么面团制作？
鲜肉月饼采用油酥面团制作。

油酥面团采用怎样的调制工艺流程？

水油面：下粉→加油→掺水→拌和→揉搓→饧面

油酥：下粉→加油→拌和→揉搓→饧面

鲜肉月饼采用哪种成熟方法？

烘烤法。

[成品要求]

色泽：金黄色。

形态：圆形，大小均匀。

质感：皮酥馅大，口感鲜香。

扫二维码
观看制作视频

[边做边学]

操作步骤

拌制馅心 → 调制面团 → 擀制层酥 → 搓条下剂 → 压剂擀皮 → 包馅成形 → 作品成熟

一、操作指南

操作前准备

设备：面案操作台、烤箱、烤盘、铲子等。

用具：电子秤、擀面杖、面刮板、石棉手套、馅挑、刷子、小碗等。

原料：面粉、夹心肉糜、麦芽糖、葱、姜等。

调味料：盐、糖、味精、胡椒粉、酱油、芝麻油等。

步骤1 拌制馅心

序 号 Number	流 程 Step	图 解 Comment	安全/质量 Safety/Quality
1	先将夹心肉糜放入盛器内，再加入盐、酱油、料酒、胡椒粉。		用馅挑调制，沿一个方向搅拌，使肉略有黏性。
2	先逐渐掺入葱姜汁水搅拌，然后加入糖和味精搅拌，再加入芝麻油。		一边加入葱姜汁水，一边搅拌。分两次加入葱姜汁水，至拌上劲为止。

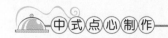

步骤2 调制面团

序 号 Number	流 程 Step	图 解 Comment	安全/质量 Safety/Quality
1	面粉100克围成窝状，猪油15克放入粉中间，面粉中间掺入温水约50克，用右手调拌面粉。		先将猪油加入面粉中调和，然后加入温水调制。
2	将面粉调成"雪花状"，加少许水，揉成较软的水油面团，饧面5～10分钟。		左手用面刮板抄拌，右手配合揉面。掌握好饧面时间。
3	面粉60克围成窝状，猪油30克放入粉中间，用右手调拌面粉，搓擦成干油酥面团。		右手要用力搓擦猪油和面粉，成团即可。掌握好饧面时间。

步骤3 擀制层酥

序 号 Number	流 程 Step	图 解 Comment	安全/质量 Safety/Quality
1	将水油面压成圆扁形的皮坯，中间包入干油酥面团。		水油面压成中间稍厚、四周稍薄的皮坯，包入干油酥面后收口要封住。
2	先用右手轻轻压扁包入干油酥的面坯，再用擀面杖从中间往左右两边擀，擀成长方形的薄面皮。		压面坯时，注意用力的轻重。擀面坯时，用力要均匀。
3	先将薄面皮由两头往中间一折三，然后用擀面杖把面坯擀开成长方形面皮，再将面皮由外往里卷成长条形的圆筒剂条。		擀面坯时，要少用干粉，卷筒要卷紧。

🍲 步骤4　搓条、下剂

序　号 Number	流　程 Step	图　解 Comment	安全/质量 Safety/Quality
1	左手握住剂条，右手捏住剂条的上面。		按照要求把握剂子的分量。
2	右手用力摘下剂子。		左手用力不宜太重。
3	将面团摘成大小一致的剂子，每个剂子分量为25克。		每个剂子要求大小相同。

🍲 步骤5　压剂、擀皮

序　号 Number	流　程 Step	图　解 Comment	安全/质量 Safety/Quality
1	右手放在剂子上方，手掌朝下，压住剂子。		剂子横着压，手掌朝下，不要用手指压剂子。
2	右手掌朝下，用力将剂子压扁。		用力时，要掌握好轻重。
3	左手拿住剂子，右手拿擀面杖，转动擀面杖，将剂子擀成薄皮子。		擀面杖不要压伤手，皮子要中间稍厚，四周稍薄，皮子直径约7.5厘米。

步骤6　包馅、成形

序　号 Number	流　程 Step	图　解 Comment	安全/质量 Safety/Quality
1	用右手托起皮子，用左手将馅心放在皮子中间。		馅心不能直接吃，要居中摆放。
2	左右手配合，将皮子收起。		皮子要慢慢收口，动作要轻。
3	将皮子包住馅心。		收口处面团不要太厚。
4	先包成圆形，再用右手将其压成扁圆形的饼。		收口朝下，不能朝上。

步骤7　成熟

序　号 Number	流　程 Step	图　解 Comment	安全/质量 Safety/Quality
1	先将包完的鲜肉月饼收口朝上放在烤盘里，再放入上温为210 ℃、下温为220 ℃的烤箱中，烤10分钟，至饼面烤成金黄色即可。		烤箱要预热到要求的温度，才可以放入成品烤。
2	将饼翻身继续烤15～20分钟，烤成金黄色。		成品烤制时，要关注烤箱温度和烤制时间，并及时进行调整。

二、实操演练

小组合作完成鲜肉月饼制作任务，参照操作步骤与质量标准，进行小组技能实操训练，共同完成教师布置的任务。在操作中，要按照岗位需求来制作，质量符合作品要求。

1. 任务分配

（1）把学生分为4组，每组发1套馅心及制作的用具，学生把肉糜加入调味料拌成馅心。馅心口味应咸味适中，有香味。

（2）每组发1套皮坯原料和制作工具，学生自己调制面团，擀制层酥。经过搓条、下剂、压剂、擀皮、包馅、成形等步骤，包捏成圆形的饼状，大小一致。

（3）提供烤箱、烤盘、铲子、石棉手套等设备及用具给学生，学生自己打开烤箱，调节火候。烤熟月饼，品尝成品。月饼口味及形状符合要求，口感香鲜酥松。

2. 操作条件

工作场地需要1间30平方米的实训室，设备需要烤箱4个，烤盘4个，擀面杖、辅助工具8套，工作服15件，原材料等。

3. 操作标准

月饼要求皮坯酥松，口感香鲜，外形圆整。

4. 安全须知

鲜肉月饼要烤熟才能食用。成熟时，要注意烤盘和烤箱的温度，不要烫伤手。

三、技能测评

表2-1

被评价者：_____

训练项目	训练重点	评价标准	小组评价	教师评价
鲜肉月饼制作	拌制馅心	拌制时，按步骤操作，掌握调味品的加入量	Yes□/No□	Yes□/No□
	调制面团	调制面团时，符合规范操作，面团软硬恰当	Yes□/No□	Yes□/No□
	擀制酥层	压面坯时，注意用力的轻重；擀面坯时，用力要均匀	Yes□/No□	Yes□/No□
	搓条、下剂	手法正确，按照要求把握剂子的分量，每个剂子大小相同	Yes□/No□	Yes□/No□
	压剂、擀皮	压剂、擀皮方法正确，皮子大小均匀，中间稍厚，四周稍薄	Yes□/No□	Yes□/No□
	包馅成形	馅心摆放居中，包捏手法正确，外形美观	Yes□/No□	Yes□/No□
	作品成熟	成熟方法正确，皮子不破损，馅心符合口味标准	Yes□/No□	Yes□/No□

评价者：_____

日　期：_____

[总结归纳]

总结教学重点，提炼操作要领

　　小组共同合作制作鲜肉月饼。通过鲜肉月饼的制作，掌握油酥面团的调制方法和层酥的擀制手法，鲜肉月饼的包捏。以后可以制作其他口味的苏式月饼。在完成任务的过程中，学会共同合作，自己动手制作。每年中秋佳节，可以制作质优味佳的鲜肉月饼。

[重点要领]

教学重点

油酥面团的调制，层酥的擀制，鲜肉月饼的包捏手法。

操作要领

油面与油酥比例恰当，油面、油酥揉光洁。

擀制层酥用力要均匀，擀制时干粉要少撒。

皮子擀制掌握厚薄度，馅心多，摆放要居中。

成熟烤箱温度要把握，注意先烤饼面成色。

[岗课赛证　拓展提升]

　　学会鲜肉月饼的制作方法。根据中式面点师初、中级资格证书的考核内容所必须具备的专业技能程度、实践能力和素质要求，调整人才培养质量标准。了解常用点心水调面团制作和油酥面团制作的不同，理解油酥面团的调制原理，注意掌握不同原料的性质、特点和营养价值，采取不同的加工和调制方法，举一反三。融入各省市和全国职业院校职业技能大赛的评分标准，促进学生对知识、技能和方法的掌握，以及良好习惯的养成。

[任务描述]

　　在清明前后吃青团的习俗可以追溯到2 000多年前。寒食节（清明节前一两天）的传统食品有糯米酪、麦酪、杏仁酪扬，这些食品都可以提前制作，供寒日节充饥，不必举火为炊。

现在，青团有的采用青艾汁，有的采用雀麦草汁，再加入糯米粉捣制以豆沙为馅而成，流传百余年。清明节人们用它扫墓祭祖，但更多的是应令尝新。今天我们来学做豆沙青团。

[学习目标]

1. 会调制米粉面团。

2. 会包捏豆沙青团。

3. 会蒸制豆沙青团。

[任务实施]

[边看边想]

相关知识介绍

你知道吗？ 制作豆沙青团需要准备如下材料（主要设备、用具、原料如图所示）。

设　备：面案操作台、炉灶、锅子、蒸笼、蒸屉等。

用　具：电子秤、面刮板、馅挑、小碗等。

原　料：糯米粉、粳米粉、豆沙、麦青汁、精制油等。

[知识链接]

豆沙青团采用什么面团制作？

豆沙青团采用米粉面团制作。

米粉面团采用怎样的调制工艺流程？

下粉──►掺汁──►拌和──►揉搓──►饧面

豆沙青团采用哪种成熟方法？
蒸制法。

[成品要求]

色泽：绿色。
形态：圆形、大小均匀。
质感：皮坯黏糯，口感香甜。

扫二维码
观看制作视频

[边做边学]

操作步骤

一、操作指南

🍲 **操作前准备**

设备：面案操作台、炉灶、锅子、蒸笼、蒸屉等。
用具：电子秤、面刮板、馅挑、小碗等。
原料：糯米粉、粳米粉、豆沙、麦青汁、精制油等。

🍲 **步骤1　调制面团**

序　号 Number	流　程 Step	图　解 Comment	安全/质量 Safety/Quality
1	先将糯米粉100克、粳米粉20克围成窝状，然后将精制油20克放入粉中间，再将麦青汁约50克掺入粉中间，用右手调拌米粉。		分次加入麦青汁调制。
2	将米粉调成"雪花状"，加少许冷水，揉成青团面团。		左手用面刮板抄拌，右手配合揉面。掌握麦青汁的加入量。

🍲 步骤2 搓条、下剂

序 号 Number	流 程 Step	图 解 Comment	安全/质量 Safety/Quality
1	左右手配合把面团搓成长条状。		左右手用力不能过大。
2	右手用面刮板切下剂子，每个剂子分量为25克。		按照要求把握剂子的分量，每个剂子要求大小相同。

🍲 步骤3 制皮、包馅

序 号 Number	流 程 Step	图 解 Comment	安全/质量 Safety/Quality
1	先将剂子搓成圆形，然后将剂子捏成窝形。		左右手配合将剂子捏成窝形。
2	包入豆沙馅12克。		馅心摆放要居中。
3	左右手配合，将皮子收起，搓成圆形。		皮子要慢慢地收口，动作要轻。收口朝下，不要朝上。

步骤4　成形、成熟

序号 Number	流程 Step	图解 Comment	安全/质量 Safety/Quality
1	将包完的豆沙青团放在笼屉里。		笼屉里要垫上笼屉纸，以防粘着蒸笼。
2	锅中的水烧沸后，才可以放入笼屉蒸。		用中汽蒸8分钟，取下时应小心，不要烫伤手指。
3	在蒸熟的豆沙青团的表面，抹少许芝麻油。		色泽碧绿，表面光亮。注意食品卫生。

二、实操演练

　　小组合作完成豆沙青团制作任务，参照操作步骤与质量标准，进行小组技能实操训练，共同完成教师布置的任务。在操作中，要按照岗位需求来制作，质量符合作品要求。

　　1. 任务分配

　　（1）把学生分为4组，每组发1套馅心及制作的用具。

　　（2）每组发1套皮坯原料和制作工具，学生自己调制面团，经过搓条、下剂、制皮、包馅、成形等步骤，包捏成豆沙青团，大小一致。

　　（3）提供炉灶、锅子、蒸笼、蒸屉给学生，学生自己调节火候，蒸熟青团，品尝成品。青团口味及形状符合要求，口感香甜、软糯。

　　2. 操作条件

　　工作场地需要1间30平方米的实训室，设备需要炉灶4个，瓷盘8只，蒸笼、蒸屉、辅助工具8套，工作服15件，原材料等。

　　3. 操作标准

　　豆沙青团要求皮坯软糯，口感香甜，色泽碧绿。

　　4. 安全须知

　　豆沙青团要蒸熟才能食用。成熟时，要小心火候和蒸汽，不要烫伤手。

三、技能测评

表2-2

被评价者：_____

训练项目	训练重点	评价标准	小组评价	教师评价
豆沙青团制作	调制面团	调制面团时，符合规范操作，面团软硬适中	Yes□/No□	Yes□/No□
	搓条、下剂	手法正确，按照要求把握剂子的分量，每个剂子大小相同	Yes□/No□	Yes□/No□
	制皮、包馅	制皮方法正确，皮子大小均匀，中间稍厚，四周稍薄，馅心摆放居中	Yes□/No□	Yes□/No□
	成形、成熟	包捏手法正确，外形美观，成熟方法正确，皮子不破损，面团符合口味标准	Yes□/No□	Yes□/No□

评价者：_____

日　期：_____

[总结归纳]

总结教学重点，提炼操作要领

小组共同合作制作豆沙青团。通过豆沙青团的制作，掌握米粉面团的调制方法和青团的包捏手法，以后可以制作不同口味及形态的青团。在完成任务的过程中，学会共同合作，自己动手制作。每年清明节，可以生产多种口味的青团，弘扬中华节庆点心，满足广大消费者的需求，为企业争创更好的经济效益。

[重点要领]

教学重点

米粉面团的调制，青团皮子的捏制，青团的包捏手法。

操作要领

青汁要适中，面团揉光洁。

皮子捏窝形，馅心要居中。

包捏成圆形，注意收口薄。

成熟用中汽，表面要抹油。

[岗课赛证 拓展提升]

学会豆沙青团的制作方法。结合中式面点师初、中级资格证书的考核内容，举一反三，认真操练，牢固掌握面点的基础技能。了解各种青团馅心的调制原理和制作方法，丰富青团的花样和品种。借助工具的使用，拓展青团的形状，提高生产效率。在传统面团调制中，选用天然蔬菜、瓜果等原料掺入，改变传统皮坯的色泽，注重面点的美观。融入各省市和全国职业院校职业技能大赛的评分标准，促进学生对知识、技能和方法的掌握，以及良好习惯的养成。

任务3 蛋黄肉粽制作

[任务描述]

公元前278年，爱国诗人、楚国大夫屈原，面临亡国之痛，于五月初五，悲愤地怀抱大石投汨罗江。为了不使鱼虾损伤他的躯体，人们纷纷把竹筒装米投入江中。

后来，为了表示对屈原的崇敬和怀念，每到这一天，人们便用竹筒装米，投入祭奠，这就是我国最早的粽子——"筒粽"的由来。现在，人们为了纪念屈原，用艾叶或苇叶、荷叶包粽子以示祭奠。粽子的品种很多，下面我们就来学做蛋黄肉粽。

[学习目标]

1. 会拌制蛋黄肉粽馅。
2. 会选择粽叶壳。
3. 会包裹粽子。

[任务实施]

边看边想 → 边做边学 → 总结归纳 → 拓展提升

[边看边想]

相关知识
介绍

你知道吗？制作蛋黄肉粽需要准备如下材料（主要设备、用具、原料、调味料如图所示）。

设　　备：面案操作台、炉灶、锅子、手勺、漏勺等。

用　　具：电子秤、浸米盆、馅挑、汤碗、绳子等。

原　　料：糯米、五花肉、咸蛋黄、粽叶壳等。

调味料：盐、糖、味精、料酒、胡椒粉、精制油、酱油、葱、姜等。

[知识链接]

粽子属于点心中的什么种类？

粽子属于点心中的米团类。

蛋黄肉粽采用怎样的调制工艺流程？

拌制鲜肉 → 清洗粽叶壳 → 淘米 → 包馅、成形 → 成熟

蛋黄肉粽用哪种成熟方法？

煮制法。

[成品要求]

色泽：绿色。

形态：三角形、枕头形，大小均匀。

质感：结实不松散，口感香糯。

扫二维码
观看制作视频

[边做边学]

操作步骤

拌制
馅心 → 清洗粽叶壳
淘洗糯米 → 包馅
成形 → 作品
成熟

一、操作指南

操作前准备

设备：面案操作台、炉灶、锅子、漏勺、勺子等。

用具：电子秤、浸米盆、馅挑、汤碗、绳子等。

原料：糯米、五花肉、咸蛋黄、粽叶壳等。

调味料：盐、糖、味精、料酒、胡椒粉、精制油、酱油、葱、姜等。

步骤1　拌制馅心

序　号 Number	流　程 Step	图　解 Comment	安全/质量 Safety/Quality
1	先将五花猪肉用刀切成小块，再放入盛器内，加入盐、酱油、料酒、胡椒粉。		用馅挑调制，沿一个方向搅拌。
2	先逐渐掺入葱姜汁水搅拌，再加入酱油、糖、味精等调味料搅拌。		一边加入葱姜汁水，一边搅拌，拌上味后腌制10分钟。

步骤2　清洗粽叶壳、淘洗糯米

序　号 Number	流　程 Step	图　解 Comment	安全/质量 Safety/Quality
1	先将新鲜的粽叶壳用水洗干净，再用沸水烫一下，取出沥干水。		用大、宽且质优的粽叶壳。
2	先将糯米淘洗干净，再用冷水浸泡10分钟，取出沥干水。		用糯性足、米粒质量优的糯米。

步骤3　包馅、成形

序 号 Number	流 程 Step	图 解 Comment	安全/质量 Safety/Quality
1	取洗干净的粽叶壳3~4张，均匀排整齐，剪去硬的头部。在粽叶壳的2/3处用手折成漏斗形。		注意左右手配合，漏斗形的粽叶壳下面无空隙。
2	先在折好的粽叶壳中放入一半糯米，轻轻抖平糯米，然后在糯米的上面放入拌制入味的五花鲜肉和一粒咸蛋黄，再在肉的上面铺一层糯米。		馅心摆放要居中，糯米要嵌紧。
3	先将另一头的粽叶壳翻盖在糯米上，然后用右手将多余的粽叶壳往后面拉紧糯米，再用绳子扎紧包好糯米的粽叶壳。		绳子要用力扎紧粽叶壳，以防成熟时糯米松开。

步骤4　成熟

序 号 Number	流 程 Step	图 解 Comment	安全/质量 Safety/Quality
1	将生粽子放入大锅中，加水放在炉灶上，煮烧开后，转中火煮1~1.5小时。		放入锅中的粽子要摆放整齐，掌握火候的大小。
2	煮熟后，取出沥干水。		煮烧过程中，如果水量不够，要加热水继续煮。

二、实操演练

小组合作完成蛋黄肉粽制作任务，参照操作步骤与质量标准，进行小组技能实操训练，共同完成教师布置的任务。在操作中，要按照岗位需求来制作，质量符合作品要求。

1. 任务分配

（1）把学生分为4组，每组发1套馅心及制作的用具。

（2）每组发1套制作粽子的原料和制作工具，学生自己拌制肉馅，经过清洗粽叶壳、淘洗糯米、包馅、成形等步骤，包扎成蛋黄肉粽，大小一致。

（3）提供炉灶、锅子、漏勺、勺子给学生，学生自己调节火候，煮熟粽子，品尝成品。粽子口味及形状符合要求，口感香鲜、黏糯。

2. 操作条件

工作场地需要1间30平方米的实训室，设备需要炉灶4个，瓷盘8只，锅子、漏勺、勺子、辅助工具8套，工作服15件，原材料等。

3. 操作标准

蛋黄肉粽要求粽叶壳包裹米粒要结实，绳子要扎紧，口感香鲜、黏糯。

4. 安全须知

蛋黄肉粽要煮熟才能食用。成熟时，要小心火候和沸水，不要烫伤手。

三、技能测评

表2-3

被评价者：_____

训练项目	训练重点	评价标准	小组评价	教师评价
蛋黄肉粽制作	拌制馅心	掌握加入调味料的量，咸淡适中	Yes□/No□	Yes□/No□
	清洗粽叶壳、淘洗糯米	手法正确，按要求淘洗干净糯米	Yes□/No□	Yes□/No□
	包馅、成形	米与馅的比例适中，包馅的方法正确，粽叶壳包裹米粒结实，绳子扎紧	Yes□/No□	Yes□/No□
	成熟	成熟方法正确，粽子不松散，粽子口味符合标准	Yes□/No□	Yes□/No□

评价者：_____

日　期：_____

[总结归纳]

总结教学重点，提炼操作要领

小组共同合作制作蛋黄肉粽。通过蛋黄肉粽的制作，掌握清洗粽叶壳、淘洗糯米的方法和包裹粽子的手法，以后可以制作包裹不同口味和形态的粽子。在完成任务的过程中，学会共同合作，自己动手制作。每年端午节，可以制作多种口味的粽子，弘扬中华饮食文化，满足广大消费者的需求。

[重点要领]

教学重点

包裹粽子的手法。

操作要领

粽叶壳选择要宽，粽叶壳要洗干净。

糯米淘洗要清净，糯米需要沥干水。

五花肉加味适中，摆放肉馅要居中。

包扎糯米要用劲，成熟火候要掌握。

[拓展提升]

学会蛋黄肉粽的制作方法。结合中式面点师初、中级资格证书的考核内容，举一反三，认真操练，牢固掌握面点的基础技能。了解各种粽子馅心的调制原理和制作方法，丰富粽子的花样和品种。借助工具，拓展粽子的包捏方式，提高生产效率。在传统粽子制作中，选用天然蔬菜、瓜果等原料，改变传统粽子的色泽，注重面点的美观。融入各省市和全国职业院校职业技能大赛的评分标准，促进学生对知识、技能和方法的掌握，以及良好习惯的养成。

任务4 蟹粉肉汤团制作

[任务描述]

正月十五吃元宵。元宵作为节日特色食品，在我国由来已久，最初称为"汤圆"。后来，因为多在元宵佳节食用，所以也称"元宵"，生意人还美其名曰"元宝"。常见的元宵用糯米粉包成圆形，馅料丰富多样，如白糖、玫瑰、芝麻、豆沙、果仁、枣泥等。元宵可荤可素，风味各异，可汤煮、油炸、蒸食，象征红红火火、团团圆圆。今天，我们来学习蟹粉肉汤团（咸味）的制作。

[学习目标]

1.会炒制蟹粉。

2. 会拌制蟹粉肉馅。
3. 会包捏蟹粉肉汤团。

[任务实施]

边看
边想 —— 边做
边学 —— 总结
归纳 —— 拓展
提升

[边看边想]

相关知识
介绍

你知道吗？制作蟹粉肉汤团需要准备如下材料（主要设备、用具、原料、调味料如图所示）。

设　备：面案操作台、炉灶、锅子、手勺、漏勺等。
用　具：电子秤、面刮板、馅挑、小碗等。
原　料：糯米粉、夹心肉糜、蟹粉、葱、姜等。
调味料：盐、糖、味精、胡椒粉、芝麻油等。

[知识链接]

蟹粉肉汤团采用什么面团制作？
蟹粉肉汤团采用米粉面团制作。
米粉面团采用怎样的调制工艺流程？
下粉 → 掺水 → 拌和 → 揉搓 → 饧面
蟹粉肉汤团采用哪种成熟方法？
煮制法。

[成品要求]

色泽：白色。
形态：圆形，大小均匀。
质感：皮坯黏糯，口感鲜香有卤汁。

扫二维码
观看制作视频

[边做边学]

操作步骤

一、操作指南

操作前准备

设备：面案操作台、炉灶、锅子、手勺、漏勺等。

用具：电子秤、面刮板、馅挑、小碗等。

原料：糯米粉、夹心肉糜、蟹粉、葱、姜等。

调味料：盐、糖、味精、胡椒粉、精制油、芝麻油等。

步骤1　拌制馅心

序　号 Number	流　程 Step	图　解 Comment	安全/质量 Safety/Quality
1	将夹心肉糜放入盛器内，加入盐、料酒、胡椒粉。		用馅挑调制，沿一个方向搅拌，使肉略有黏性。
2	先逐渐掺入葱姜汁水搅拌，然后加入糖和味精搅拌，再加入芝麻油。		一边掺入葱姜汁水一边搅拌。分两次加入葱姜汁水，至拌上劲为止。
3	炒制后的蟹粉，待冷却后与拌过味的鲜肉馅掺和在一起，做成蟹粉肉馅。		先用猪油炒制蟹粉，然后加入葱、姜煸香，再加入蟹粉炒香，收干水。

🍲 步骤2 调制面团

序　号 Number	流　程 Step	图　解 Comment	安全/质量 Safety/Quality
1	将糯米粉100克围成窝状，温水约60克掺入粉中间，用右手调拌米粉。		分次加入温水调制。
2	将米粉调成"雪花状"，加少许水，揉成米粉面团。		左手用面刮板抄拌，右手配合揉面。掌握加水量。

🍲 步骤3 搓条、下剂

序　号 Number	流　程 Step	图　解 Comment	安全/质量 Safety/Quality
1	左右手配合把面团搓成长条状。		左右手用力不能过大。
2	右手用面刮板切下剂子，每个剂子分量为20克。		按照要求把握剂子的分量，每个剂子要求大小相同。

🍲 步骤4 制皮、包馅

序　号 Number	流　程 Step	图　解 Comment	安全/质量 Safety/Quality
1	先将剂子搓成圆形，然后捏成窝形。		左右手配合捏成窝形。

序 号 Number	流 程 Step	图 解 Comment	安全/质量 Safety/Quality
2	包入蟹粉鲜肉馅12克。		馅心摆放要居中。
3	左右手配合，将皮子收起，搓成圆形。		皮子要慢慢收口，动作要轻。收口朝下，不要朝上。

🍲 **步骤5 成形、成熟**

序 号 Number	流 程 Step	图 解 Comment	安全/质量 Safety/Quality
1	锅中的水烧沸后，放入生蟹粉肉汤团。放入生蟹粉肉汤团后，用手勺轻轻地沿着锅底推。		点火时，不要烧伤手。根据成品的数量决定水量的多少。沿着锅的边缘慢慢放入汤团。注意安全，不要烫伤手指。
2	煮汤团时用中火，待煮沸时，加入少许冷水，继续煮到汤团再次浮起。		煮时火候不宜过大，以防皮子破损，馅心不熟。汤团外形饱满即熟。

二、实操演练

小组合作完成蟹粉肉汤团制作任务，参照操作步骤与质量标准，进行小组技能实操训练，共同完成教师布置的任务。在操作中，要按照岗位需求来制作，质量符合作品要求。

1. 任务分配

（1）把学生分为4组，每组发1套馅心及制作的用具。

（2）每组发1套馅心、皮坯原料和制作工具，学生自己调制面团，经过搓条、下剂、制皮、包馅、成形等步骤，包捏成蟹粉肉汤团，大小一致。

（3）提供炉灶、锅子、手勺、漏勺给学生，学生自己调节火候，煮熟汤团，品尝成品。蟹粉肉汤团口味及形状符合要求，口感咸鲜、软糯。

2. 操作条件

工作场地需要1间30平方米的实训室，设备需要炉灶4个，瓷碗8只，锅子、辅助工具8套，工作服15件，原材料等。

3. 操作标准

蟹粉肉汤团要求皮坯软糯，口感咸鲜，色泽洁白。

4. 安全须知

蟹粉肉汤团要煮熟才能食用。成熟时，要小心火候和沸水，不要烫伤手。

三、技能测评

表2-4

被评价者：＿＿＿＿＿＿＿＿＿＿＿＿

训练项目	训练重点	评价标准	小组评价	教师评价
蟹粉肉汤团制作	拌制馅心	拌制时，按步骤操作，掌握调味品的加入量。炒制蟹粉按加工要求操作	Yes□/No□	Yes□/No□
	调制面团	调制面团时，符合规范操作，面团软硬适中	Yes□/No□	Yes□/No□
	搓条、下剂	手法正确，按要求把握剂子的分量，每个剂子要求大小相同	Yes□/No□	Yes□/No□
	制皮、包馅	制皮方法正确，皮子大小均匀，中间稍厚，四周稍薄，馅心摆放居中	Yes□/No□	Yes□/No□
	成形、成熟	包捏手法正确，外形美观。成熟方法正确，皮子不破损，面团符合口味标准	Yes□/No□	Yes□/No□

评价者：＿＿＿＿＿＿＿＿＿＿＿＿

日　期：＿＿＿＿＿＿＿＿＿＿＿＿

[总结归纳]

总结教学重点，提炼操作要领

小组共同合作制作蟹粉肉汤团。通过蟹粉肉汤团的制作，掌握米粉面团的调制方法和汤团的包捏手法，以后可以制作不同口味及形态的汤团。在完成任务的过程中，学会共同合作，自己动手制作。每年元宵佳节，可以生产多种口味的汤团，弘扬中华节庆点心，满足广大消费者的需求，为企业争创更好的经济效益。

[重点要领]

教学重点

蟹粉炒制及肉馅的拌制。汤团皮子的捏制，汤团的包捏手法。

操作要领

水温要适中，面团揉光洁。

皮子捏窝形，馅心要居中。

包捏成圆形，注意收口薄。

成熟用中火，捞取动作轻。

[拓展提升]

学会蟹粉肉汤团的制作方法。根据中式面点师初、中级资格证书的考核内容所必须具备的专业技能程度、实践能力和素质要求，调整人才培养质量标准。了解常用点心中水调面团制作和米粉面团制作的不同，理解米粉面团的调制原理，注意掌握不同原料的性质、特点和营养价值，采取不同的加工和调制方法，举一反三。融入各省市和全国职业院校职业技能大赛的评分标准，促进学生对知识、技能和方法的掌握，以及良好习惯的养成。

模块 **3**

时令点心制作

【模块描述】

通过学习制作时令点心，了解不同季节，采用不同时令的原材料，可以制作多种时令点心，在继承我国传统饮食文化的基础上，激发学习中式面点的兴趣。

【模块目标】

1. 能调制米粉面团，会制作荠菜麻球、桂花拉糕、萝卜丝酥饼。
2. 能调制膨松面团，会制作三丁包。
3. 会制作杏仁白玉甜品。

【模块任务】

任务1　荠菜麻球制作

任务2　三丁包制作

任务3　桂花拉糕制作

任务4　萝卜丝酥饼制作

任务5　杏仁白玉制作

 **任务1　荠菜麻球制作**

[**任务描述**]

荠菜是春季上市的蔬菜。荠菜用来做馅，口感鲜嫩，色泽碧绿。荠菜还含有大量的维生素C，营养丰富。荠菜麻球是用米粉面团制作的复合口味的点心。
现在我们就来学习荠菜麻球的制作方法。

[学习目标]

1. 会制作荠菜麻球。
2. 会和面、揉面、搓条、下剂等。
3. 能包捏荠菜麻球。
4. 掌握炸制麻球的油温。

[任务实施]

[边看边想]

相关知识
介绍

你知道吗？制作荠菜麻球需要准备如下材料（主要设备、用具、原料、调味料如图所示）。

设　备：面案操作台、炉灶、锅子、漏勺、勺子等。
用　具：电子秤、面刮板、馅挑、小碗等。
原　料：糯米粉、澄粉、荠菜、猪板油、白芝麻等。
调味料：精制油、盐、糖、胡椒粉等。

[知识链接]

荠菜麻球采用什么面团制作？
荠菜麻球采用油酥面团制作。

油酥面团采用怎样的调制工艺流程？
下粉 → 掺水 → 拌和 → 揉搓 → 饧面

荠菜麻球采用哪种成熟方法？
炸制法。

[成品要求]

色泽：金黄。

形态：圆整，大小均匀。

质感：皮薄馅绿，口感香脆。

扫二维码
观看制作视频

[边做边学]

操作步骤

拌制馅心 → 调制面团 → 搓条下剂 → 制皮包馅成形 → 成形成熟

一、操作指南

操作前准备

设备：面案操作台、炉灶、锅子、漏勺、勺子等。

用具：电子秤、面刮板、馅挑、小碗等。

原料：糯米粉、澄粉、荠菜、猪板油、白芝麻等。

调味料：精制油、盐、糖、胡椒粉等。

步骤1　拌制馅心

序　号 Number	流　程 Step	图　解 Comment	安全/质量 Safety/Quality
1	将荠菜洗干净，用沸水烫至八成熟后浸入冷水中冷却。冷却后，挤干水切成细粒。再次挤去水，放入盛器里，加入盐、糖等调味料拌匀。		荠菜烫完要尽快用冷水冷却，以免发黄，水要挤干。小心刀具，不要伤着手。
2	生猪板油用刀切成小丁和荠菜拌和。		提前在猪板油中加入少许胡椒粉拌和，去除腥味。

🍲 步骤2 调制面团

序 号 Number	流 程 Step	图 解 Comment	安全/质量 Safety/Quality
1	将糯米粉100克、糖25克、熟澄粉15克围成窝状，猪油10克放入粉中间，冷水约50克掺入粉中间，用右手调拌米粉。		分次加入冷水调制。
2	将米粉调成"雪花状"，加少许水，揉成表面光洁的米粉面团。		左手用面刮板抄拌，右手配合揉面。掌握加水量。

🍲 步骤3 搓条、下剂

序 号 Number	流 程 Step	图 解 Comment	安全/质量 Safety/Quality
1	左右手配合把面团搓成长条状。		左右手用力不能过大。
2	右手用面刮板切下剂子，剂子分量30克。		按照要求把握剂子的分量，每个剂子要求大小相同。

🍲 步骤4 制皮、包馅

序 号 Number	流 程 Step	图 解 Comment	安全/质量 Safety/Quality
1	先将剂子搓成圆形，然后捏成窝形。		左右手配合捏成窝形。

续表

序 号 Number	流 程 Step	图 解 Comment	安全/质量 Safety/Quality
2	包入荠菜馅12克。		馅心摆放要居中。
3	左右手配合，将皮子收起，搓成圆形米粉团。		皮子要慢慢收口，动作要轻。收口朝下，不要朝上。
4	先在米粉团的表面沾少许冷水，用手搓一下，放入白芝麻，再用手轻轻地搓，搓成芝麻团。		粉团外面一定要均匀蘸上芝麻。

步骤5 成形、成熟

序 号 Number	流 程 Step	图 解 Comment	安全/质量 Safety/Quality
1	将包完的芝麻团放在约120 ℃的油里，用小火慢慢炸。		先将芝麻团放入漏勺里，再将芝麻团放入油锅中炸。待麻球浮起，去除漏勺。
2	待麻球浮在油锅的表面时，转中火炸，一边炸一边用手勺推压麻球。待麻球体积逐渐变大时，转大火升高油温，待麻球表面炸成金黄色取出。		注意油温的掌握，炸时要小心，不要烫伤手。

二、实操演练

小组合作完成荠菜麻球制作任务，参照操作步骤与质量标准，进行小组技能实操训练，共同完成教师布置的任务。在操作中，要按照岗位需求来制作，质量符合作品要求。

1. 任务分配

（1）把学生分为4组，每组发1套馅心及制作的用具，学生把荠菜、板油等料加入调味料拌成馅心。馅心咸甜适中，有清香味。

（2）每组发 1 套皮坯原料和制作工具，学生自己调制面团，经过搓条、下剂、制皮、包馅、成形等步骤，包捏成大小一致的荠菜麻球。

（3）提供炉灶、锅子、手勺、漏勺给学生，学生自己调节火候，炸熟麻球，品尝成品。麻球口味及形状符合要求，口感香脆松。

2. 操作条件

工作场地需要1间30平方米的实训室，设备需要炉灶4个，锅子4个，手勺4个，漏勺4个，擀面杖、辅助工具8套，工作服15件，原材料等。

3. 操作标准

成品要求大小一致，外观圆整。

4. 安全须知

荠菜麻球要炸熟才能食用。成熟时，要注意火候和油温，不要烫伤手。

三、技能测评

表3-1

被评价者：_____

训练项目	训练重点	评价标准	小组评价	教师评价
荠菜麻球制作	拌制馅心	拌制时，按步骤操作，掌握调味品的加入量	Yes□/No□	Yes□/No□
	调制面团	调制面团时，符合规范操作，面团软硬恰当	Yes□/No□	Yes□/No□
	搓条、下剂	搓条时用力要均匀，按照要求把握剂子的分量，每个剂子要求大小相同	Yes□/No□	Yes□/No□
	制皮、包馅	捏皮手法正确，馅心摆放居中，皮子与馅心比例恰当	Yes□/No□	Yes□/No□
	成形、成熟	包捏成圆形，收口要薄，油温要准确掌握	Yes□/No□	Yes□/No□

评价者：_____

日　期：_____

[总结归纳]

总结教学重点，提炼操作要领

小组共同合作制作荠菜麻球。通过荠菜麻球的制作，掌握米粉面团的调制方法和麻球的包捏手法，以后可以制作不同类型的麻球。在完成任务的过程中，学会共同合作，自己动手制作荠菜麻球，把作品转化为产品。

[重点要领]

教学重点

米粉面团的调制，麻球的包捏手法。

炸制麻球的油温控制。

操作要领

水温要适中，面团用力擦。

皮子捏窝形，馅心要居中。

包捏成圆形，注意收好口。

芝麻要滚匀，把握好油温。

[拓展提升]

学会荠菜麻球的制作方法。根据中式面点师初、中级资格证书的考核内容所必须具备的专业技能程度、实践能力和素质要求，调整人才培养质量标准。在了解常用点心中蟹粉肉汤团的制作方法的基础上，荠菜麻球的制作和蟹粉肉汤团的制作一样，也属于米粉面团的皮坯，但荠菜麻球在面团的调制中掺入了糖、油脂等辅助原料，其调制原理和汤团面团的调制原理完全不同。因此，注意掌握不同原料的性质、特点和营养价值，采取不同的加工和调制方法，举一反三。融入各省市和全国职业院校职业技能大赛的评分标准，促进学生对知识、技能和方法的掌握，以及良好习惯的养成。

任务2 三丁包制作

[任务描述]

三丁包是扬州的名点，以面粉发酵和馅心精细取胜。发酵所用面粉洁白如雪，所发面坯软而带韧，食不粘牙。扬州富春茶社一直保持这种发酵的传统。鸡丁选用隔年母鸡，既肥且嫩。肉丁选用五花肋条，膘头适中。笋丁根据季节选用鲜笋。三丁又称三鲜，三鲜一体，津津有味，清晨果腹，至午不饥。三丁包口味香鲜，咸中带甜有卤汁，皮坯是用膨松面团制作。此点心营养价值丰富，深受大家喜爱。现在我们就来学做三丁包。

[学习目标]

1. 会制作三丁包。

2. 会和面、揉面、搓条、下剂等。

3. 会烹制三丁馅心。

4. 会包捏提褶包。

[任务实施]

边看边想 —— 边做边学 —— 总结归纳 —— 拓展提升

[边看边想]

相关知识介绍

你知道吗？制作三丁包需要准备如下材料（主要用具如图所示）。

设　备：面案操作台、炉灶、锅子、蒸笼等。

用　具：电子秤、擀面杖、面刮板、馅挑、小碗等。

原　料：面粉、鸡肉、猪肉、冬笋、葱、姜等。

调味料：盐、糖、酱油、味精、胡椒粉、芝麻油等。

辅　料：酵母、泡打粉等。

[知识链接]

三丁包采用什么面团制作？

三丁包采用膨松面团制作。

膨松面团采用怎样的调制工艺流程？

下粉 → 掺水 → 拌和 → 揉搓 → 饧面

三丁包采用哪种成熟方法？

蒸制法。

[成品要求]

色泽：洁白。

形态：饱满，花纹均匀。

质感：皮坯松软，口感香鲜。

扫二维码
观看制作视频

[边做边学]

操作步骤

拌制馅心 → 调制面团 → 搓条下剂 → 压剂擀皮 → 包馅成形 → 作品成熟

一、操作指南

🍲 操作前准备

设备：面案操作台、炉灶、锅子、蒸笼等。

用具：电子秤、擀面杖、面刮板、馅挑、小碗等。

原料：面粉、鸡肉、猪肉、冬笋、葱、姜等。

调味料：盐、糖、酱油、味精、胡椒粉、芝麻油等。

辅料：酵母、泡打粉等。

🍲 步骤1　拌制馅心

序　号 Number	流　程 Step	图　解 Comment	安全/质量 Safety/Quality
1	鸡肉丁100克，猪肉丁100克，冬笋丁200克。先将冬笋去壳，放入锅内加水煮熟，取出用刀切成小丁待用。然后将鸡肉、猪肉切成丁，分别用盐、味精、料酒、胡椒粉、鸡蛋清、生粉等调味料上浆。		鸡肉丁要切得比猪肉丁稍微大一点。
2	先用干净的炒锅，加入适量油烧至四成热后，倒入猪肉丁划炒，再倒入鸡肉丁划炒片刻一起捞出。		划油时间不宜过长，以免影响原料的质地。注意火候的安全。
3	炒锅内留少量的油，先将冬笋丁倒入炒锅内煸炒，然后倒入划炒过的猪肉丁、鸡肉丁，加入料酒、酱油、盐、糖、胡椒粉、水等一起烧沸。再加入味精和湿淀粉勾芡，淋入芝麻油撒上葱花即可。		咸中带甜，味浓香鲜，金黄色。

🍲 步骤2　调制面团

序　号 Number	流　程 Step	图　解 Comment	安全/质量 Safety/Quality
1	先将面粉围成窝状，然后将酵母、糖放入中间，再将泡打粉撒在面粉的上面，中间加入温水，用右手调拌面粉。		冬季用偏热的温水，春秋两季用偏冷的温水，夏季用冷水调制面团。水要分次加。
2	将面粉调成"雪花状"，加少许温水，揉成较软的面团。		左手用面刮板抄拌，右手配合揉面。小心面刮板，不要刮伤手。
3	左手压着面团的另一头，右手用力揉面团。先将面团揉透，再用擀面杖来回压面团至面团光洁。		左右手要协调配合揉光面团，用力压面团。
4	用湿布或保鲜膜盖好面团，饧10～15分钟。		掌握好饧面时间。

🍲 步骤3　搓条、下剂

序　号 Number	流　程 Step	图　解 Comment	安全/质量 Safety/Quality
1	两手把面团从中间往两头搓拉成长条形。		两手用力要均匀，搓条时不要撒干面粉，以免条搓不长。
2	右手用力摘下剂子。		左手用力不能过大，左右手配合要协调。

续表

序 号 Number	流 程 Step	图 解 Comment	安全/质量 Safety/Quality
3	将面团摘成大小一致的剂子，剂子分量约为35克。		按要求把握剂子的分量，每个剂子要求大小相同。

🍲 步骤4 压剂、擀皮

序 号 Number	流 程 Step	图 解 Comment	安全/质量 Safety/Quality
1	右手掌朝下，用力压扁剂子。		用力要把握轻重。
2	左手拿着剂子的左边，右手用擀面杖擀皮子的边缘。		擀面杖要压在皮子的边缘，两手要协调配合，小心别压伤手。
3	右手一边擀，左手一边转动皮子，擀成薄圆形皮子。		擀面杖不要压伤手，皮子要中间稍厚，四周稍薄。

🍲 步骤5 包馅、成形

序 号 Number	流 程 Step	图 解 Comment	安全/质量 Safety/Quality
1	左手托起皮子，右手用馅挑把馅心放在皮子中间，每个馅心分量为20克。		抖去皮子上的干面粉，馅心摆放要居中。

续表

序 号 Number	流 程 Step	图 解 Comment	安全/质量 Safety/Quality
2	先用左手提着皮子的左边缘，右手慢慢拢上皮子包住馅心，再用右手的食指及大拇指在后面打出褶皱。		左右手包馅配合协调，褶皱间距要均匀，动作要轻。

步骤6 成熟

序 号 Number	流 程 Step	图 解 Comment	安全/质量 Safety/Quality
1	先将包完的三丁包放在蒸笼里并加盖，再放在暖热的地方饧发40分钟。		三丁包放在蒸笼里，包子之间要有间距，以免蒸熟后相互粘着。
2	待包子饧发至体积增大，放在蒸汽锅中蒸10分钟。		包子一定要饧发足，才可以成熟。小心蒸汽，不要烫伤手。
3	三丁包成品。		形态美观，口味香鲜，注意食品卫生。

二、实操演练

小组合作完成三丁包制作任务，参照操作步骤与质量标准，进行小组技能实操训练，共同完成教师布置的任务。在操作中，要按照岗位需求来制作，质量符合作品要求。

1. 任务分配

（1）把学生分为4组，每组发1套馅心及制作的用具，学生把猪肉丁、鸡肉丁、笋丁加入调味料烹制成馅心。馅心咸甜适中，有香味。

（2）每组发 1 套皮坯原料和制作工具，学生自己调制面团，经过搓条、下剂、压剂、擀皮、包馅、成形等步骤，包捏成提褶形状的包子，大小一致。

（3）提供炉灶、锅子、蒸笼、笼屉给学生，学生调节火候，蒸熟三丁包，品尝成品。三丁包口味及形状符合要求，皮坯松软，馅心香鲜。

2. 操作条件

工作场地需要1间约30平方米的实训室，设备需要炉灶、锅子、蒸笼，辅助工具4套，工作服16件，原材料等。

3. 操作标准

皮坯松软，外形圆整，花纹美观，馅心香鲜。

4. 安全须知

操作卫生、安全。

三、技能测评

表3-2

被评价者：_____

训练项目	训练重点	评价标准	小组评价	教师评价
三丁包制作	烹制馅心	烹制时按步骤操作，掌握调味品的加入量	Yes□/No□	Yes□/No□
	调制面团	调制面团时，符合规范操作，面团软硬恰当	Yes□/No□	Yes□/No□
	搓条、下剂	搓条时，用力要均匀，按照要求把握剂子的分量，每个剂子要求大小相同	Yes□/No□	Yes□/No□
	压剂、擀皮	压面坯时，注意用力的轻重，擀皮方法正确，皮子大小均匀，中间稍厚，四周稍薄	Yes□/No□	Yes□/No□
	包馅成形	馅心摆放居中，包捏手法正确，外形美观	Yes□/No□	Yes□/No□
	作品成熟	面团饧发正好，把握蒸制时间	Yes□/No□	Yes□/No□

评价者：_____

日　期：_____

[总结归纳]

总结教学重点，提炼操作要领

小组共同合作制作三丁包。通过三丁包的制作，掌握膨松面团的调制方法和提褶包的包捏手法，以后可以制作不同馅心的包子。在完成任务的过程中，学会共同合作，自己动手制作三丁包。把作品转化为产品，为企业争创经济效益。

[重点要领]

教学重点

膨松面团调制，正确包捏提褶包。会烹制三丁馅心，掌握面团的饧发度。

操作要领

投料要恰当，水温要适中。
面团揉光洁，剂子大小匀。
皮子擀圆形，馅心要居中。
包捏要正确，注意花纹美。
把握饧发度，蒸制要盖好。

[岗课赛证　拓展提升]

学会三丁包的制作方法。根据中式面点师初、中级资格证书的考核内容所必须具备的专业技能程度、实践能力及素质要求，调整人才培养质量标准。在了解常用点心素菜包制作方法的基础上，进一步掌握膨松面团的调制方法。在馅料的选用上三丁包和素菜包不同，三丁包的馅料更加多样。因此，注意掌握不同原料的性质、特点和营养价值，采取不同的加工和调制方法，举一反三。融入各省市和全国职业院校职业技能大赛的评分标准，促进学生对知识、技能和方法的掌握，以及良好习惯的养成。

任务3　桂花拉糕制作

[任务描述]

八月桂花飘香，人们纷纷赏桂。桂花不仅闻着香，品尝起来更香。桂花拉糕就是采用天然的桂花，经糖腌制后加上糯米粉制作而成。桂花拉糕是江浙沪一带人们非常喜爱食用的糕点。我们现在就来学做桂花拉糕。

[学习目标]

1. 掌握桂花拉糕制作配方。
2. 会拌制桂花拉糕粉浆。
3. 会蒸制桂花拉糕。
4. 会切制桂花拉糕。

[任务实施]

边看
边想 ━━━ 边做
边学 ━━━ 总结
归纳 ━━━ 拓展
提升

[边看边想]

相关知识
介绍

你知道吗? 制作桂花拉糕需要准备如下材料（主要设备、用具、原料、调味料如图所示）。

设　备：面案操作台、炉灶、锅子、蒸笼等。

用　具：电子秤、刀、汤碗、方盘等。

原　料：糯米粉、澄粉、糖桂花等。

调味料：精制油、绵白糖等。

[知识链接]

桂花拉糕采用什么面团制作？

桂花拉糕采用米粉面团制作。

米粉面团采用怎样的调制工艺流程？

下粉━━→掺水━━→拌和━━→蒸制━━→成形

桂花拉糕采用哪种成熟方法？

蒸制法。

[成品要求]

色泽：洁白。

形态：菱形，大小均匀。

质感：香甜软糯。

扫二维码
观看制作视频

[边做边学]

操作步骤

调制
粉浆 ▶ 成熟 ▶ 成形

一、操作指南

操作前准备

设备：面案操作台、炉灶、锅子、蒸笼等。

用具：电子秤、刀、汤碗、方盘等。

原料：糯米粉、澄粉、糖桂花等。

调味料：精制油、绵白糖等。

步骤1　调制粉浆

序　号 Number	流　程 Step	图　解 Comment	安全/质量 Safety/Quality
1	糯米粉100克，澄粉15克，绵白糖40克，精制油25克。将原料倒入汤碗中，加入冷水50克，用右手调拌米粉，使米粉成"厚粉浆"状。		分次加入冷水调制，掌握加水量。
2	取干净的方盘表面抹上油，将调匀的"厚粉浆"倒入方盘铺平。		蒸前倒入盘子中。

步骤2　成熟

序　号 Number	流　程 Step	图　解 Comment	安全/质量 Safety/Quality
1	将盘子放入笼屉里，上蒸汽蒸15分钟。		用中汽蒸，蒸时不宜打开蒸笼帽，以免影响成品质量。
2	取出盘子稍冷却。先用净水洗去糖桂花的糖汁，挤干后，平铺放在保鲜膜上，再将盘子里的糕坯反扣在上面。		糖桂花要均匀地撒在保鲜膜上，取方盘时要小心，不要烫伤手。

步骤3　成形

序 号 Number	流 程 Step	图 解 Comment	安全/质量 Safety/Quality
1	将糕坯切成菱形状，把粘住桂花的一面朝上摆放在盘中。		糕要大小均匀，台面要消毒，注意食品卫生。

二、实操演练

小组合作完成桂花拉糕制作任务，参照操作步骤与质量标准，进行小组技能实操训练，共同完成教师布置的任务。在操作中，要按照岗位需求来制作，质量符合作品要求。

1. 任务分配

（1）把学生分为4组，每组发1套桂花拉糕的原料及制作用具。

（2）学生自己调制粉浆，经过掺水、拌制、成熟、成形等步骤，制成桂花拉糕，拉糕切制要求大小一致，注意卫生。

（3）提供炉灶、锅子、蒸盘、蒸笼给学生，学生自己调节火候，蒸熟糕坯，品尝成品。桂花拉糕口味及形状符合要求，口感香甜软糯。

2. 操作条件

工作场地需要1间约30平方米的实训室，设备需要炉灶、锅子、蒸笼，辅助工具4套，工作服16件，原材料等。

3. 操作标准

成品要求大小一致，口感香甜软糯。

4. 安全须知

操作卫生、安全。

三、技能测评

表3-3

被评价者：_____

训练项目	训练重点	评价标准	小组评价	教师评价
桂花拉糕制作	调制粉浆	调制粉浆时，符合规范操作，粉浆厚薄均匀恰当	Yes□/No□	Yes□/No□
	成熟	把握蒸汽的大小及成熟时间	Yes□/No□	Yes□/No□
	成形	切制方法正确，符合卫生要求	Yes□/No□	Yes□/No□

评价者：_____

日　期：_____

[总结归纳]

总结教学重点，提炼操作要领

小组共同合作制作桂花拉糕。通过桂花拉糕的制作，掌握米粉面团的调制方法和粉浆的拌制手法，以后可以制作不同的拉糕。在完成任务的过程中，学会共同合作，自己动手制作桂花拉糕。

[重点要领]

教学重点

调制粉浆，厚薄均匀恰当。掌握成熟的蒸汽大小及时间的长短，成品符合卫生要求。

操作要领

粉掺水比例恰当，粉浆厚薄要适中。

盛浆方盘要抹油，粉浆倒入要均匀。

成熟蒸汽不宜大，要掌握成熟时间。

糕熟后要稍冷却，切制糕坯要抹油。

[岗课赛证　拓展提升]

学会桂花拉糕的制作方法。根据中式面点师初、中级资格证书的考核内容所必须具备的专业技能程度、实践能力及素质要求，调整人才培养质量标准。在了解节庆点心青团制作方法的基础上，进一步掌握米粉面团的调制方法。了解各种糕类的调制原理和制作方法，丰富糕类制作的花样和品种。借助工具的使用，拓展糕类的成形方式，提高生产效率。融入各省市和全国职业院校职业技能大赛的评分标准，促进学生对知识、技能和方法的掌握，以及良好习惯的养成。

任务4　萝卜丝酥饼制作

[任务描述]

萝卜是中式点心制作中常用的原料。萝卜丝酥饼不仅口味鲜香，而且营养价值高，有润肺清火的药用价值。接下来，我们就来学习萝卜丝酥饼的制作方法。

[学习目标]

1. 会制作萝卜丝酥饼。
2. 会和面、揉面、搓条、下剂等。
3. 会擀制明酥皮坯，包捏酥饼。
4. 会炸制明酥制品。

[任务实施]

边看
边想 ━━━ 边做
边学 ━━━ 总结
归纳 ━━━ 拓展
提升

[边看边想]

相关知识
介绍

你知道吗？制作萝卜丝酥饼需要准备如下材料（主要设备、用具、原料、调味料如图所示）。

设　备：面案操作台、炉灶、锅子、手勺、漏勺等。

用　具：电子秤、擀面杖、面刮板、馅挑、汤碗、小碗等。

原　料：面粉、白萝卜、猪板油、火腿、葱等。

调味料：盐、糖、味精、精制油、花椒粉、芝麻油等。

[知识链接]

萝卜丝酥饼采用什么面团制作？

萝卜丝酥饼采用油酥面团制作。

油酥面团采用怎样的调制工艺流程？

水油面：下粉━→加油━→掺水━→拌和━→揉搓━→饧面

油酥：下粉━→加油━→拌和━→揉搓━→饧面

萝卜丝酥饼采用哪种成熟方法？

炸制法。

[成品要求]

色泽：象牙色。

形态：饱满，大小均匀。

质感：皮酥馅大，口感香鲜。

扫二维码
观看制作视频

[边做边学]

操作步骤

一、操作指南

操作前准备

设备：面案操作台、炉灶、锅子、手勺、漏勺等。

用具：电子秤、擀面杖、面刮板、馅挑、汤碗、小碗等。

原料：面粉、白萝卜、猪板油、火腿、葱等。

调味料：盐、糖、味精、精制油、花椒粉、芝麻油等。

步骤1　拌制萝卜馅

序　号 Number	流　程 Step	图　解 Comment	安全/质量 Safety/Quality
1	用刨子将萝卜刨成丝放入盛器内，加入少许盐腌制5分钟，取出挤干水。		萝卜加入盐后，应搅拌一下，小心刨子，不要刨伤手。
2	将猪板油切成粒，火腿切成粒，葱切成葱花。		小心刀，不要切伤手。
3	将腌制过的萝卜丝、猪板油粒、火腿粒一起放入汤碗中，先加入盐、糖、味精、花椒粉搅拌，然后加入葱花搅拌，再加入芝麻油。		先加入调味料搅拌，然后放入葱花拌匀。

步骤2　调制面团

序　号 Number	流　程 Step	图　解 Comment	安全/质量 Safety/Quality
1	面粉100克围成窝状，猪油15克放入面粉中间，温水约50克掺入面粉中间，用右手调拌面粉。		先将猪油加入面粉中调和，然后加入温水调制。
2	将面粉调成"雪花状"，加少许水，揉成较软的水油面团，饧面5~10分钟。		左手用面刮板抄拌，右手配合揉面。掌握好饧面时间。
3	面粉60克围成窝状，猪油30克放入面粉中间，用右手调拌面粉，搓擦成干油酥面团。		右手要用力搓擦猪油和面粉，成团即可。掌握好饧面时间。

步骤3　擀制层酥

序　号 Number	流　程 Step	图　解 Comment	安全/质量 Safety/Quality
1	水油面压成圆扁形的皮坯，中间包入干油酥面团。		将水油面压成中间稍厚、四周稍薄的皮坯，包入干油酥面后收口要封住。
2	将包入干油酥的面坯，用右手轻轻压扁。用擀面杖从中间往左右两边擀，擀成长方形的薄面皮。		压面坯时，注意用力的轻重。擀面坯时，用力要均匀。
3	先将薄面皮由两头往中间一折三，然后用擀面杖把面坯擀开成长方形面皮，再将面皮由外往里卷成长条形的圆筒剂条。		擀面坯时，撒手粉要少用，卷筒要卷紧。

步骤4 搓条、下剂

序 号 Number	流 程 Step	图 解 Comment	安全/质量 Safety/Quality
1	用刀在剂条的中间切开。		右手用力不能过大，左右手的位置不要搞错。
2	切下小剂子，每个剂子约25克。		剂子大小要一致，把握好剂子的分量。

步骤5 压剂、擀皮

序 号 Number	流 程 Step	图 解 Comment	安全/质量 Safety/Quality
1	右手放在剂子上方。		有酥层的一面朝下放，压无酥层的一面，用力要轻重一致。
2	右手掌朝下，用力压扁剂子。		手掌朝下把握用力轻重，不要用手指压剂子。
3	将擀面杖放在压扁的剂子中间，双手放在擀面杖的两边。		擀面杖要压在皮子的中间，两手掌放平。
4	擀面杖要按照酥层的直线擀制，擀成薄形皮子。		擀皮时注意酥层，用力要轻，擀面杖不要压伤手。皮子要中间稍厚，四周稍薄。

步骤6 包馅、成形

序号 Number	流程 Step	图解 Comment	安全/质量 Safety/Quality
1	左手托起皮子，右手挑馅。		馅心摆放要居中。
2	将皮子包住馅心。		收口处面团不要太厚。
3	先包成圆形，然后用右手压成椭圆形的饼，再在收口处涂上鸡蛋清并蘸点白芝麻。		收口朝下，不要朝上。

步骤7 成熟

序号 Number	流程 Step	图解 Comment	安全/质量 Safety/Quality
1	将包好的萝卜丝酥饼放在约130℃的油里，用小火慢慢炸。		先将萝卜丝饼放入漏勺里，再放入油锅中炸，待酥饼浮起，才去除漏勺。
2	待萝卜丝酥饼浮在油锅的表面时，转中火炸，一边炸一边用手勺推转，表面炸成象牙色取出。		注意油温的掌握，炸时要小心，不要烫伤手。
3	萝卜丝酥饼装盘。		注意食品安全。

二、实操演练

小组合作完成萝卜丝酥饼制作任务，参照操作步骤与质量标准，进行小组技能实操训练，共同完成教师布置的任务。在操作中，要按照岗位需求来制作，质量符合作品要求。

1. 任务分配

（1）把学生分为 4 组，每组发 1 套馅心及制作的用具，学生把萝卜丝加入调味料拌成馅心。馅心咸鲜适中，有萝卜香味。

（2）每组发 1 套皮坯原料和制作工具，学生自己调制面团，经过调制面团、擀制酥层、搓条、下剂、压剂、擀皮、包馅、成形等步骤，包捏成椭圆形的酥饼，大小一致。

（3）提供炉灶、锅子、手勺、漏勺给学生，学生自己调节火候，炸熟萝卜丝酥饼，品尝成品。酥饼口味及形状符合要求，口感鲜香。

2. 操作条件

工作场地需要1间约30平方米的实训室，设备需要炉灶4个，锅子4个，手勺、漏勺4副，擀面杖、辅助工具8套，工作服15件，原材料等。

3. 操作标准

萝卜丝酥饼要求皮坯酥松，口感香鲜，外形不破损。

4. 安全须知

萝卜丝酥饼要炸熟才能食用。成熟时，要小心火候和油温，不要烫伤手。

三、技能测评

表3-4

被评价者：＿＿＿＿＿＿＿＿＿＿＿

训练项目	训练重点	评价标准	小组评价	教师评价
萝卜丝酥饼制作	拌制馅心	拌制时，按步骤操作，掌握调味品的加入量	Yes□/No□	Yes□/No□
	调制面团	调制面团时，符合规范操作，面团软硬恰当	Yes□/No□	Yes□/No□
	擀制酥层	压面坯时，注意用力的轻重。擀面坯时，用力要均匀，干粉少撒	Yes□/No□	Yes□/No□
	搓条、下剂	手法正确，按照要求把握剂子的分量，要求每个剂子大小相同	Yes□/No□	Yes□/No□
	压剂、擀皮	压剂、擀皮方法正确，皮子大小均匀，中间稍厚，四周稍薄	Yes□/No□	Yes□/No□
	包馅成形	馅心摆放居中，包捏手法正确，外形美观	Yes□/No□	Yes□/No□
	作品成熟	成熟方法正确，皮子不破损，馅心符合口味标准	Yes□/No□	Yes□/No□

评价者：＿＿＿＿＿＿＿＿＿＿＿

日　期：＿＿＿＿＿＿＿＿＿＿＿

[总结归纳]

总结教学重点，提炼操作要领

　　小组共同合作制作萝卜丝酥饼。通过萝卜丝酥饼的制作，掌握油酥面团的调制方法和明酥制品的擀制手法，以后可以制作不同规格的明酥点心。在完成任务的过程中，学会共同合作，自己动手制作萝卜丝酥饼。作品的呈现，自我价值的实现，把作品转化为产品，为企业争创经济效益。

[重点要领]

教学重点

油酥面团的调制，明酥的擀制，萝卜丝酥饼的包捏手法。

操作要领

油面与油酥比例恰当，油面、油酥揉光洁。
擀制层酥用力要均匀，擀制时干粉要少撒。
皮子擀制掌握厚薄度，馅心的摆放要居中。
成熟油温火候要把握，酥饼炸制不能含油。

[岗课赛证　拓展提升]

　　学会萝卜丝酥饼的制作方法。根据中式面点师初、中级资格证书的考核内容所必须具备的专业技能程度、实践能力和素质要求，调整人才培养质量标准。在了解节庆点心鲜肉月饼制作方法的基础上，进一步掌握油酥面团的调制方法。萝卜丝酥饼皮坯制作比鲜肉月饼皮坯制作难度高，需要掌握油酥面团明酥的擀制方法。萝卜丝酥饼馅料的调制工艺比鲜肉月饼馅料的调制复杂，其成熟方法也有差异。因此，注意掌握各种不同原料的性质、特点和营养价值，采取不同的加工和调制方法，举一反三。借助工具，拓展饼类制作的包捏方法，提高生产效率。在传统饼类制作中，选用天然蔬菜、瓜果等原料，改变传统饼类的色泽，注重面点的美观。融入各省市和全国职业院校职业技能大赛的评分标准，促进学生对知识、技能和方法的掌握，以及良好习惯的养成。

任务5　杏仁白玉制作

[任务描述]

　　杏仁白玉是夏季食用的凉甜品，也叫杏仁豆腐，主要原料有杏仁粉、牛奶、明胶粉。杏仁白玉口感香甜、滑爽，是夏季清火

消暑的点心之一，营养价值丰富。我们现在就来学做杏仁白玉。

[学习目标]

1. 掌握杏仁白玉的制作配方。
2. 会制作杏仁白玉。
3. 会熬制糖油。
4. 会装饰杏仁白玉。

[任务实施]

边看边想 → 边做边学 → 总结归纳 → 拓展提升

[边看边想]

相关知识介绍

你知道吗？制作杏仁白玉需要准备如下材料（主要设备、用具、原料、调味料如图所示）。

设　备：面案操作台、炉灶、冰箱等。
用　具：电子秤、锅子、汤勺、高脚杯、小碗、小刀等。
原　料：明胶粉、牛奶、杏仁粉等。
调味料：白糖、红樱桃等。

[知识链接]

杏仁白玉属于哪类点心？
杏仁白玉属于甜品类点心，适合夏季食用。

杏仁白玉制作采用怎样的工艺流程？
制作前的准备 → 成熟 → 成形

杏仁白玉用哪种成熟方法？
煮制法。

[成品要求]

色泽：洁白。

形态：菱形，美观。

质感：香甜软，口感滑爽。

扫二维码
观看制作视频

[边做边学]

操作步骤

制作前的准备 → 成熟 → 成形

一、操作指南

 操作前准备

设备：面案操作台、炉灶、冰箱等。

用具：电子秤、锅子、汤勺、高脚杯、小碗、小刀等。

原料：明胶粉、牛奶、杏仁粉等。

调味料：糖、红樱桃等。

步骤1　制作前的准备

序 号 Number	流 程 Step	图 解 Comment	安全/质量 Safety/Quality
1	明胶粉5克，杏仁粉25克，牛奶120克，糖100克。		配方要正确。
2	明胶粉用冷水调稀，杏仁粉用温水调稀。		按制作要求操作。

🍲 步骤2 成熟

序 号 Number	流 程 Step	图 解 Comment	安全/质量 Safety/Quality
1	先将牛奶倒入锅中烧沸，然后加入杏仁粉、明胶粉水等，再烧沸。		注意投料的顺序。
2	先用消毒过的筛子，过滤牛奶末，稍冷却后分别倒入高脚杯里，再放入冰箱冷藏20分钟左右，成杏仁豆腐。		放入冰箱冷藏，注意存放卫生。
3	糖加水烧沸，熬成糖油，少滴一点杏仁香精，用筛子过滤杂质，冷却后放入冰箱待用。		保证质量，注意操作卫生。

🍲 步骤3 成形

序 号 Number	流 程 Step	图 解 Comment	安全/质量 Safety/Quality
1	杏仁豆腐待凝固后取出用小刀划成菱形。		注意刀具卫生，不要划伤手。
2	倒入冷藏后的糖油，用红樱桃装饰即可。		装饰要美观，重视食品卫生。

二、实操演练

　　小组合作完成杏仁白玉制作任务，参照操作步骤与质量标准，进行小组技能实操训练，共同完成教师布置的任务。在操作中，要按照岗位需求来制作，质量符合作品要求。

1. 任务分配

（1）把学生分为4组，每组发1套制作的用具，学生把牛奶放入锅中烧沸，倒入杏仁粉、明胶粉水等，再烧沸。用消过毒的筛子，过滤牛奶末，稍冷却后分别倒入高脚杯里。再放入冰箱冷藏20分钟左右，制成杏仁豆腐。

（2）每组发1套原料和制作工具，学生自己制作，经过操作前的准备、成熟、成形等步骤，制成杏仁豆腐。

（3）提供炉灶、锅子、手勺、漏勺给学生，学生自己调节火候，煮熟杏仁白玉，冷却后品尝成品。杏仁白玉口味及形状符合要求，香甜软，口感滑爽。

2. 操作条件

工作场地需要1间约30平方米的实训室，设备需要炉灶、锅子，辅助工具4套，工作服16件，原材料等。

3. 操作标准

口感软滑，有杏仁清香，装饰美观。

4. 安全须知

操作卫生、安全。

三、技能测评

表3-5

被评价者：＿＿＿＿＿＿＿＿＿

训练项目	训练重点	评价标准	小组评价	教师评价
杏仁白玉制作	制作前准备	原料准备充足，用具备齐	Yes□/No□	Yes□/No□
	成熟	操作流程清晰，成熟工序规范	Yes□/No□	Yes□/No□
	成形	按要求成形，讲究卫生	Yes□/No□	Yes□/No□

评价者：＿＿＿＿＿＿＿＿＿
日　期：＿＿＿＿＿＿＿＿＿

[总结归纳]

总结教学重点，提炼操作要领

小组共同合作制作杏仁白玉。通过杏仁白玉的制作，掌握甜品类点心的制作方法，以后可以制作多种甜品点心。在完成任务的过程中，学会共同合作，自己动手制作杏仁白玉。把作品转化为产品，为企业争创经济效益。

[重点要领]

教学重点
掌握明胶与水的比例，把握杏仁白玉的软硬度，把握糖与水的比例和糖油熬制的浓度。

操作要领

投料比例要恰当，糖水浓度要适中。

明胶粉用冷水浸，杏仁粉用温水稀。

牛奶杏仁水过滤，盛器要干净卫生。

糖水浓度要过重，杏仁糖油须冷藏。

[岗课赛证　拓展提升]

学会杏仁白玉的制作方法。结合中式面点师初、中级资格证书的考核内容，举一反三，认真操练，牢固掌握面点的基础技能。了解甜品的调制原理和制作方法，丰富甜品的花样和品种。借助工具，拓展甜品制作的工艺，提高生产效率。在传统甜品制作中，选用天然蔬菜、瓜果等原料，改变传统甜品的色泽，注重面点的美观。融入各省市和全国职业院校职业技能大赛的评分标准，促进学生对知识、技能和方法的掌握，以及良好习惯的养成。

宴会点心制作

【模块描述】

通过学习宴会点心制作这一模块，掌握宴会点心的制作方法，尤其是象形点心的制作。能够将食用和美学结合起来，为以后在星级宾馆、酒店等高标准宴会制作点心做准备，为就业开拓更广的渠道，适合中式面点师岗位培训。

【模块目标】

1. 能调制水调面团，会制作白兔饺、象形南瓜团、象形雪梨果。
2. 能调制膨松面团，会制作寿桃包。
3. 能调制油酥面团，会制作核桃酥、小鸡酥。

【模块任务】

任务1　白兔饺制作
任务2　寿桃包制作
任务3　核桃酥制作
任务4　小鸡酥制作
任务5　象形雪梨果制作
任务6　象形南瓜团制作

任务1　白兔饺制作

[任务描述]

白兔饺，是一款象形点心，经常用在宴会上。白兔饺外形美观，皮坯透明，口感爽滑，制作难度高。皮坯采用澄粉面团制作，馅心主要原料是虾仁。现在我们就来制作白兔饺。

[学习目标]

1. 会拌制虾仁馅。
2. 会烫面、揉面、搓条、下剂、擀制皮子等。
3. 会包捏白兔饺。
4. 掌握澄粉面团的操作技能。

[任务实施]

[边看边想]

相关知识介绍

你知道吗？制作白兔饺需要准备如下材料（主要设备、用具、原料、调味料如图所示）。

设　备：面案操作台、炉灶、锅子、蒸笼等。

用　具：电子秤、擀面杖、面刮板、馅挑、小碗等。

原　料：澄粉、生粉、虾仁、胡萝卜、肥膘、笋、葱、姜等。

调味料：盐、糖、味精、胡椒粉、芝麻油等。

[知识链接]

白兔饺采用什么面团制作？
白兔饺采用澄粉面团制作。

澄粉面团采用怎样的调制工艺流程？
下粉→掺水→烫面→揉搓→饧面

白兔饺采用哪种成熟方法？
蒸制法。

[成品要求]

色泽：洁白。
形态：白兔逼真，大小均匀。
质感：皮薄透明，口感鲜嫩。

扫二维码
观看制作视频

[边做边学]

操作步骤

一、操作指南

操作前准备

设备：面案操作台、炉灶、锅子、蒸笼、勺子等。
用具：电子秤、擀面杖、面刮板、馅挑、小碗等。
原料：澄粉、生粉、虾仁、胡萝卜、肥膘、笋、葱、姜等。
调味料：盐、糖、味精、胡椒粉、芝麻油等。

步骤1 拌制馅心

序 号 Number	流 程 Step	图 解 Comment	安全/质量 Safety/Quality
1	将虾仁放入盛器内，加入少许盐及冷水浸泡5分钟，用清水洗干净，挤干水。		用清水漂洗去杂物及咸味，至虾仁干净。

序　号 Number	流　程 Step	图　解 Comment	安全/质量 Safety/Quality
2	将肥膘、笋等料切成粒后，焯水。将胡萝卜切成粒。		要小心，不要切伤手。沸水下锅。
3	先往虾仁里加入鸡蛋清、胡椒粉、味精、盐、糖、生粉搅拌，再加入肥膘、笋及葱花、芝麻油拌均匀。		虾仁入味后，先用馅挑拌上劲，再加入其他原料。

🍲 步骤2　调制面团

序　号 Number	流　程 Step	图　解 Comment	安全/质量 Safety/Quality
1	将澄粉70克、生粉30克放入汤碗里，将沸水倒入粉中间，用馅挑调拌粉。		沸水要一次加入粉中，一边加水一边搅拌，动作要快。
2	将搅拌均匀的粉团倒在干净的案板上，加入精制油10克，趁热揉透面团，用保鲜膜盖住。		台面要干净，面团要揉光洁。

🍲 步骤3　搓条、下剂

序　号 Number	流　程 Step	图　解 Comment	安全/质量 Safety/Quality
1	两手把面团从中间往两头搓拉成长条形剂条。		两手用力要均匀，搓条时不要撒干面粉，以免条搓不长。

 中式点心制作

续表

序 号 Number	流 程 Step	图 解 Comment	安全/质量 Safety/Quality
2	用面刮板切下剂子，每个剂子分量为8克。		按照要求把握剂子的分量，每个剂子要求大小相同。

步骤4 压剂、擀皮

序 号 Number	流 程 Step	图 解 Comment	安全/质量 Safety/Quality
1	右手放在剂子上方，将剂子竖立，右手掌朝下压，用力压扁剂子。		手掌朝下，不要用手指压剂子，左右手不要搞错。
2	先将双手放在擀面杖的两边，再将擀面杖放在压扁的剂子中间。		擀面杖要压在皮子的中间，两手掌放平。
3	双手上下转动擀面杖擀剂子，成薄圆形皮子。		擀面杖不要压伤手，皮子要中间稍厚，四周稍薄。皮子的直径为8厘米。

步骤5 包馅、成形

序 号 Number	流 程 Step	图 解 Comment	安全/质量 Safety/Quality
1	左手托起皮子，右手用馅挑把馅心放在皮子中间，每个馅心分量为15克。		馅心要居中摆放。

续表

序号 Number	流程 Step	图解 Comment	安全/质量 Safety/Quality
2	左右手配合，将皮子包住馅心，一头稍许搓长。先将皮子压扁并往后折一下，再用剪刀剪一刀，剪成白兔的耳朵。		用剪刀剪时，两边要均匀，动作要轻。
3	用右手捏出嘴巴，并在两边粘上两粒胡萝卜粒，做成白兔眼睛。		动作要轻，用鸡蛋清蘸胡萝卜粒。

🍲 步骤6 成熟

序号 Number	流程 Step	图解 Comment	安全/质量 Safety/Quality
1	锅中的水烧沸后，才可以放入笼屉蒸。		用大汽蒸4分钟，取下时要小心，不要烫伤手。
2	白兔饺成品。		形态美观，色泽透明。注意食品卫生。

二、实操演练

小组合作完成白兔饺制作任务，参照操作步骤与质量标准，进行小组技能实操训练，共同完成教师布置的任务。在操作中，要按照岗位需求来制作，质量符合作品要求。

1. 任务分配

（1）把学生分为4组，每组发1套馅心及制作的用具，学生把虾仁加入调味料拌成馅心。馅心口味应咸淡适中，有香味。

（2）每组发1套皮坯原料和制作工具，学生自己调制面团，经过搓条、下剂、压剂、擀皮、包馅、成形等步骤，包捏成白兔形状的饺子，大小一致。

（3）提供炉灶、锅子、手勺、漏勺给学生，学生调节火候，蒸熟白兔饺，品尝成品。白兔饺口味及形状符合要求，皮子爽滑，馅心鲜嫩。

2. 操作条件

工作场地需要1间30平方米的实训室，设备需要炉灶4个，蒸笼笼屉4个，擀面杖、辅助工具8套，工作服15件，原材料等。

3. 操作标准

白兔饺要求皮薄馅大，口感鲜嫩，外形逼真。

4. 安全须知

白兔饺要蒸熟才能食用。成熟时，要小心火候和锅中的水，不要烫伤手。

三、技能测评

表4-1

被评价者：_____

训练项目	训练重点	评价标准	小组评价	教师评价
白兔饺制作	拌制馅心	拌制时，按步骤操作，掌握调味品的加入量	Yes□/No□	Yes□/No□
	调制面团	调制面团时，符合规范操作，面团软硬恰当	Yes□/No□	Yes□/No□
	搓条、下剂	手法正确，按照要求把握剂子的分量，每个剂子大小相同	Yes□/No□	Yes□/No□
	压剂、擀皮	压剂、擀皮方法正确，皮子大小均匀，四周厚薄均匀	Yes□/No□	Yes□/No□
	包馅成形	馅心摆放居中，包捏手法正确，外形美观	Yes□/No□	Yes□/No□
	作品成熟	成熟方法正确，皮子不破损，馅心符合口味标准	Yes□/No□	Yes□/No□

评价者：_____

日　期：_____

[总结归纳]

总结教学重点，提炼操作要领

小组共同合作制作白兔饺。通过白兔饺的制作，掌握澄粉面团的调制方法和白兔饺的包捏手法，以后可以用澄粉面团制作不同形态的点心。在完成任务的过程中，学会共同合作，自己动手制作白兔饺。把作品转化为产品，为企业争创经济效益。

[重点要领]

教学重点

澄粉面团的调制，澄粉皮的擀制，白兔饺的包捏手法。

操作要领

用沸水烫面，面团揉光洁。

皮子圆整薄，馅心要居中。
包捏要正确，形态要逼真。
成熟蒸汽足，时间要把握。
装饰需美观，熟后要抹油。

[岗课赛证　拓展提升]

　　学会白兔饺的制作方法。根据中式面点师初、中级资格证书的考核内容所必须具备的专业技能程度、实践能力及素质要求，调整人才培养质量标准。在了解常用点心木鱼水饺制作方法的基础上，进一步掌握澄粉面团的调制方法。白兔饺皮坯制作比木鱼水饺皮坯制作难度高，需要掌握澄粉面团皮坯的擀制方法，白兔饺馅料调制工艺和木鱼水饺鲜肉馅调制不同，造形变化，成熟方法也有差异。因此，注意掌握各种不同原料的性质、特点和营养价值，采取不同的加工和调制方法，举一反三。借助工具，拓展象形点心的包捏方法，提高生产效率。在传统象形点心制作中，选用天然蔬菜、瓜果等原料，改变传统点心制作的色泽，注重面点的美观。融入各省市和全国职业院校职业技能大赛的评分标准，促进学生对知识、技能和方法的掌握，以及良好习惯的养成。

 任务2　寿桃包制作

[任务描述]

　　寿桃包是一款象形点心，会经常用在生日酒席上。寿桃包外形像桃子，皮坯松软，口味香甜。寿桃包属于膨松面团点心，馅心主要是豆沙。现在我们来学习寿桃包的制作方法。

[学习目标]

1. 会调制膨松面团。
2. 会包捏寿桃包。
3. 会蒸制寿桃包。

[任务实施]

[边看边想]

相关知识
介绍

你知道吗? 制作寿桃包需要准备如下材料（主要设
备、用具、原料、调味料如图所示）。

设　备：面案操作台、炉灶、锅子、蒸笼、蒸屉等。

用　具：电子秤、擀面杖、面刮板、馅挑、小碗等。

原　料：面粉、豆沙等。

调味料：糖、酵母、泡打粉等。

[知识链接]

寿桃包采用什么面团制作?

寿桃包采用膨松面团制作。

膨松面团采用怎样的调制工艺流程?

下粉 → 掺水 → 拌和 → 揉搓 → 饧面

膨松面团采用哪种成熟方法?

蒸制法。

[成品要求]

色泽：洁白。

形态：饱满，桃子形。

质感：皮坯松软，口感香甜。

扫二维码
观看制作视频

[边做边学]

操作步骤

调制
面团 → 搓条
下剂 → 压剂
擀皮 → 包馅
成形 → 作品
成熟

一、操作指南

操作前准备

设备：面案操作台、炉灶、锅子、蒸笼、蒸屉等。
用具：电子秤、擀面杖、面刮板、馅挑、小碗等。
原料：面粉、豆沙等。
调味料：酵母、泡打粉、糖等。

步骤1 调制面团

序 号 Number	流 程 Step	图 解 Comment	安全/质量 Safety/Quality
1	将面粉围成窝状，酵母、糖放入中间，泡打粉撒在粉的上面，中间加入温水，用右手调拌面粉。		冬季用偏热的温水，春秋两季用偏冷的温水，夏季用冷水调制面团，水要分次加。
2	将面粉调成"雪花状"，加少许温水，揉成较软面团。		左手用面刮板抄拌，右手配合揉面。小心面刮板，不要刮伤手。
3	左手压着面团的另一头，右手用力揉面团，把面团揉光洁。		左手用面刮板抄拌，右手配合揉面。
4	用湿布或保鲜膜盖好面团，饧10～15分钟。		掌握好饧面时间。

中式点心制作

🍲 步骤2 搓条、下剂

序　号 Number	流　程 Step	图　解 Comment	安全/质量 Safety/Quality
1	两手将面团从中间往两头搓拉成长条形。		两手用力要均匀，搓条时不要撒干面粉，以免条搓不长。
2	握住剂条，左手捏住剂条的上面，右手用力摘下剂子。		左手用力不能过大，左右手配合要协调。
3	将面团摘成大小一致的剂子，每个剂子分量为35克。		按照要求把握剂子的分量，每个剂子要求大小相同。

🍲 步骤3 压剂、擀皮

序　号 Number	流　程 Step	图　解 Comment	安全/质量 Safety/Quality
1	右手放在剂子上方。		左右手不要搞错。
2	剂子竖立，右手掌朝下压，用力压扁剂子。		手掌朝下，不要用手指压剂子。
3	左手拿着剂子的左边，右手用擀面杖擀皮子的边缘。		擀面杖要压在皮子的边缘，两手要协调配合。

续表

序　号 Number	流　程 Step	图　解 Comment	安全/质量 Safety/Quality
4	右手一边擀，左手一边转动皮子，擀成薄圆形皮子。		擀面杖不要压伤手。皮子要中间稍厚，四周稍薄。皮子不宜擀过大。

🍲 步骤4　包馅、成形

序　号 Number	流　程 Step	图　解 Comment	安全/质量 Safety/Quality
1	左手托起皮子，右手用馅挑将馅心放在皮子中间，每个馅心分量为20克。		抖去皮子上的干面粉，馅心摆放要居中。
2	左手提着皮子的左边缘，右手慢慢拢上皮子包住馅心，包成圆形的球，收口朝下。		左右手包馅配合协调。
3	先在圆形的表面用右手食指和大拇指捏出尖部，再用面刮板在成品的中间嵌出一条印子，成桃状包子。		动作要轻，居中嵌出一条印子以免露出豆沙馅。

🍲 步骤5　成熟

序　号 Number	流　程 Step	图　解 Comment	安全/质量 Safety/Quality
1	将包完的寿桃包放在蒸笼里并加盖，饧发40分钟。		将寿桃包放在蒸笼里，包子之间要有间距，以免蒸熟后相互粘着。

续表

序 号 Number	流 程 Step	图 解 Comment	安全/质量 Safety/Quality
2	待包子饧发至体积增大，放在蒸汽锅中蒸8分钟。		包子一定要饧发足，才可以成熟。小心蒸汽，不要烫伤手。
3	寿桃包成品。		形态逼真，口味香甜。注意食品卫生。

二、实操演练

小组合作完成寿桃包制作任务，参照操作步骤与质量标准，进行小组技能实操训练，共同完成教师布置的任务。在操作中，要按照岗位需求来制作，质量符合作品要求。

1. 任务分配

（1）把学生分为4组，每组发1套馅心及制作的用具。

（2）每组发1套皮坯原料和制作工具，学生自己调制面团，经过搓条、下剂、压剂、擀皮、包馅、成形等步骤，包捏成寿桃形状的包子，大小一致。

（3）提供炉灶、锅子、蒸笼、蒸屉给学生，学生自己调节火候，蒸熟寿桃包，品尝成品。寿桃包口味及形状符合要求，口感松软香甜。

2. 操作条件

工作场地需要1间30平方米的实训室，设备需要炉灶4个，蒸笼8个，擀面杖、辅助工具8套，工作服15件，原材料等。

3. 操作标准

面团饧发，皮坯松软，外形美观，馅心香甜。

4. 安全须知

包子要蒸熟才能食用。成熟时，要小心火候，不要烫伤手。

三、技能测评

表4-2

被评价者：_____

训练项目	训练重点	评价标准	小组评价	教师评价
寿桃包制作	调制面团	调制面团时，符合规范操作，面团软硬恰当	Yes☐/No☐	Yes☐/No☐
	搓条、下剂	搓条时，用力要均匀，按要求把握剂子的分量，每个剂子要求大小相同	Yes☐/No☐	Yes☐/No☐
	压剂、制皮	压面坯时，注意用力的轻重。擀皮方法正确，皮子大小均匀，中间稍厚，四周稍薄	Yes☐/No☐	Yes☐/No☐
	包馅、成形	馅心摆放居中，包捏手法正确，外形美观	Yes☐/No☐	Yes☐/No☐
	作品成熟	面团饧发正好，把握蒸制时间，成熟方法正确，皮子不破损	Yes☐/No☐	Yes☐/No☐

评价者：_____

日　期：_____

[总结归纳]

总结教学重点，提炼操作要领

小组共同合作制作寿桃包。通过寿桃包的制作，掌握膨松面团的调制方法和寿桃包的包捏手法，以后可以制作不同形态的包子。在完成任务的过程中，学会共同合作，自己动手制作寿桃包。作品的呈现，自我价值的实现，把作品转化为产品，为企业争创经济效益。

[重点要领]

教学重点

膨松面团的调制，寿桃包的包捏手法。

操作要领

水温要恰当，软硬要掌握。
皮子不宜大，馅心要居中。
包捏要正确，形态要逼真。
饧发要适中，把握成熟时间。

[岗课赛证 拓展提升]

学会寿桃包的制作方法。根据中式面点师初、中级资格证书的考核内容所必须具备的专业技能程度、实践能力和素质要求,调整人才培养质量标准。在了解时令点心三丁包制作方法的基础上,进一步掌握膨松面团的调制方法,寿桃包是象形包子,形如桃子。寿桃色的皮坯擀制和三丁包的皮坯擀制有区别。寿桃包的皮坯擀制中,要求皮坯擀制小,包甜馅。三丁包收口朝上,而寿桃包收口朝下。这是两种不同的包捏方法。因此,注意掌握不同原料的性质、特点和形状的变化,采取不同的加工和调制方法,举一反三。借助工具,拓展象形点心的包捏方法,提高生产效率。在传统象形点心制作中,选用天然蔬菜、瓜果等原料,改变传统点心制作的色泽,注重面点的美观。融入各省市和全国职业院校职业技能大赛的评分标准,促进学生对知识、技能和方法的掌握,以及良好习惯的养成。

 任务3 核桃酥制作

[任务描述]

核桃酥,是一款象形点心,也是用在宴会上的点心。核桃酥形象逼真,皮坯松脆,口味香甜,营养丰富。核桃酥属于油酥面团类点心,馅心主要是核桃仁。核桃酥制作可以体现较深的包捏钳基本功,现在我们来学习核桃酥的制作方法。

[学习目标]

1. 会制作核桃酥。

2. 会调制油酥面团。

3. 会擀制层酥,包捏核桃酥。

4. 会烘烤油酥制品。

[任务实施]

边看边想 —— 边做边学 —— 总结归纳 —— 拓展提升

[边看边想]

相关知识
介绍

你知道吗？制作核桃酥需要准备如下材料（主要设备、用具、原料、调味料如图所示）。

设　备：面案操作台、炉灶、烤箱、烤盘等。

用　具：电子秤、擀面杖、面刮板、花钳夹、馅挑、小碗等。

原　料：面粉、核桃仁、腰果仁、猪油、糕粉、可可粉、葱花等。

调味料：盐、糖粉、猪油、葱油等。

[知识链接]

核桃酥采用什么面团制作？

核桃酥采用油酥面团制作。

油酥面团采用怎样的调制工艺流程？

下粉 → 掺水 → 拌和 → 揉搓 → 饧面

核桃酥采用哪种成熟方法？

烘烤法。

[成品要求]

色泽：咖啡色。

形态：大小一致，花纹美观。

质感：皮坯酥松，口感香甜。

扫二维码
观看制作视频

[边做边学]

操作步骤

拌制核桃馅 → 调制面团 → 擀制层酥 → 搓条下剂 → 压剂擀皮 → 包馅成形 → 作品成熟

一、操作指南

操作前的准备

设备：面案操作台、炉灶、烤箱、烤盘等。

用具：电子秤、擀面杖、面刮板、花钳夹、馅挑、小碗等。

原料：面粉、核桃仁、腰果仁、猪油、糕粉、可可粉、葱花等。

调味料：盐、糖粉、猪油、葱油等。

步骤1　拌制核桃馅

序　号 Number	流　程 Step	图　解 Comment	安全/质量 Safety/Quality
1	核桃仁100克，腰果仁30克，用烤箱烤熟，取出用擀面杖压成碎粒。先加入糖粉100克，糕粉30克，猪油20克搅拌，再加入葱花10克拌均匀。		核桃仁、腰果仁用200 ℃炉温烤熟。核桃仁、腰果仁要冷却后才可以加入其他调味料拌味。葱切成葱花，注意刀具的使用。

步骤2　调制面团

序　号 Number	流　程 Step	图　解 Comment	安全/质量 Safety/Quality
1	面粉100克围成窝状，猪油15克、可可粉8克放入粉中间，温水约60克掺入面粉中间，用右手调拌面粉。		先将猪油加入面粉中调和，然后加入温水调制。
2	将面粉调成"雪花状"，加少许水，揉成较软的水油面团。饧面5～10分钟。		左手用面刮板抄拌，右手配合揉面。掌握好饧面时间。
3	面粉60克围成窝状，猪油30克、可可粉5克放入粉中间，调拌面粉，将面粉搓成干油酥面团。		右手要用力搓擦猪油和面粉，成团即可。掌握好饧面时间。

步骤3 擀制酥层

序 号 Number	流 程 Step	图 解 Comment	安全/质量 Safety/Quality
1	将水油面压成圆扁形的皮坯，中间包入干油酥面团。		将水油面压成中间稍厚、四周稍薄的皮坯，包入干油酥面后收口要封住。
2	先将包入干油酥的面坯用右手轻轻压扁，再用擀面杖从中间往左右两边擀，擀成长方形的薄面皮。		压面坯时，注意用力的轻重。擀面坯时，用力要均匀。
3	先将薄面皮由两头往中间一折三，然后用擀面杖把面坯擀开成长方形面皮，再将面皮由外往里卷成长条形的圆筒剂条。		擀面坯时，撒手粉要少用，卷筒要卷紧。

步骤4 搓条、下剂

序 号 Number	流 程 Step	图 解 Comment	安全/质量 Safety/Quality
1	左手握住剂条，右手捏住剂条的上面。		右手用力不能过大，左右手的位置不要搞错。
2	右手用力摘下剂子，每个剂子分量为20克。		右手用力不能过大，左右手配合要协调。
3	将面团摘成大小一致的剂子。		按照要求把握剂子的分量，每个剂子要求大小相同。

步骤5 压剂、擀皮

序 号 Number	流 程 Step	图 解 Comment	安全/质量 Safety/Quality
1	右手放在剂子上方。		左右手不要搞错。
2	右手掌朝下，压住剂子。		手掌朝下，不要用手指压剂子。
3	右手掌朝下，用力压扁剂子。		用力要把握轻重，不能压伤手。
4	先将双手放在擀面杖的两边，再将擀面杖放在压扁的剂子中间。		擀面杖要压在皮子中间，两手掌放平。
5	双手上下转动擀面杖擀剂子，将剂子擀成薄形皮子。		擀面杖不要压伤手，皮子要中间稍厚，四周稍薄。

步骤6 包馅、成形

序 号 Number	流 程 Step	图 解 Comment	安全/质量 Safety/Quality
1	左手托起皮子，右手用馅挑把馅心放在皮子中间，每个馅心分量为15克。		馅心不能直接吃，要居中摆放。

序 号 Number	流 程 Step	图 解 Comment	安全/质量 Safety/Quality
2	左右手配合，将皮子收起。		皮子要慢慢收口，动作要轻。
3	将皮子包住馅心。		收口处面团不要太厚。
4	包成圆形。		收口朝下，不要朝上。
5	左手拿成品，右手拿大花钳。		左右手不要搞错。
6	在成品中间用大花钳夹一条筋，由左向右夹。		不要夹伤手指，夹时右手用力要均匀，夹出的筋粗细一致。
7	在夹出的筋上嵌一条缝。		不要夹伤手指，动作要轻，缝的深浅要一致。
8	换成小花钳，再在筋的左边夹出花纹。		要小心，不要夹伤手指。会选择工具，掌握钳子夹时的深浅度。

续表

序号 Number	流程 Step	图解 Comment	安全/质量 Safety/Quality
9	先将成品转到另一边，再在上面相反方向用小花钳夹出花纹，成核桃形。		钳在手上，要小心，不要碰伤手指。注意钳这一面花纹时，要和第一面钳的花纹相反。

🍲 步骤7 成熟

序号 Number	流程 Step	图解 Comment	安全/质量 Safety/Quality
1	将包完的核桃酥收口朝下放在烤盘里，整齐摆放进上温为210 ℃、下温为220 ℃的烤箱中，烤25～30分钟，烤成咖啡色。		烤箱要预热到要求的温度，才可以放入成品烤。烤制成品时，要关注烤箱温度和烤制时间，并及时进行调整。

二、实操演练

小组合作完成核桃酥制作任务，参照操作步骤与质量标准，进行小组技能实操训练，共同完成教师布置的任务。在操作中，要按照岗位需求来制作，质量符合作品要求。

1. **任务分配**

（1）把学生分为4组，每组发1套馅心及制作的用具。学生把核桃仁、腰果仁、糖等原料拌制成馅心。馅心咸甜适中，有香味。

（2）每组发1套皮坯原料和制作工具，学生自己调制面团，经过搓条、下剂、压剂、擀皮、包馅、成形等步骤，包捏成大小一致的核桃形状的酥点。

（3）提供炉灶、锅子、手勺、漏勺、烤箱给学生，学生自己开启烤箱，调节温度，烤熟核桃酥，品尝成品。核桃酥的口味和形状符合要求，口感酥香。

2. **操作条件**

工作场地需要1间30平方米的实训室，设备需要烤箱4个，烤盘8只，擀面杖、辅助工具8套，工作服15件，原材料等。

3. **操作标准**

核桃酥要求酥松，口感香甜，外形像核桃。

4. **安全须知**

核桃酥要烤熟才能食用。成熟时，要小心炉温，不要烫伤手。

三、技能测评

表4-3

被评价者：_____

训练项目	训练重点	评价标准	小组评价	教师评价
核桃酥制作	拌制馅心	拌制时，按步骤操作，掌握调味品的加入量	Yes□/No□	Yes□/No□
	调制面团	调制面团时，符合规范操作，面团软硬恰当	Yes□/No□	Yes□/No□
	擀制酥层	压面坯时，注意用力的轻重。擀面坯时，用力要均匀，少撒干粉	Yes□/No□	Yes□/No□
	搓条、下剂	手法正确，按照要求把握剂子的分量，每个剂子要求大小相同	Yes□/No□	Yes□/No□
	压剂、擀皮	压剂、擀皮方法正确，皮子大小均匀，中间稍厚，四周稍薄	Yes□/No□	Yes□/No□
	包馅成形	馅心摆放居中，包捏手法正确，外形美观	Yes□/No□	Yes□/No□
	作品成熟	成熟方法正确，皮子不破损，馅心符合口味标准	Yes□/No□	Yes□/No□

评价者：_____

日　期：_____

[总结归纳]

总结教学重点，提炼操作要领

小组共同合作制作核桃酥。通过核桃酥的制作，掌握油酥面团的调制方法和核桃酥的包捏手法，以后可以制作不同形状的精细酥点。在完成任务的过程中，学会共同合作，自己动手制作核桃酥。把作品转化为产品，为企业争创经济效益。

[重点要领]

教学重点

油酥面团的调制，酥层的擀制，核桃酥的包捏手法。

操作要领

剂子分量要准确（大小一致），

皮子擀制要适中（厚薄均匀），

馅心务必要圆形（摆放居中），

核桃中线要居中（中间钳缝），

钳子深度要适中（花纹美观）。

[岗课赛证　拓展提升]

　　学会核桃酥的制作方法。根据中式面点师初、中级资格证书的考核内容所必须具备的专业技能程度、实践能力及素质要求，调整人才培养质量标准。在了解节庆点心鲜肉月饼制作方法的基础上，进一步掌握油酥面团的调制方法。核桃酥皮坯制作和鲜肉月饼皮坯制作不同，核桃酥皮坯中掺入可可粉，色泽上更像核桃，鲜肉月饼皮坯不加可可粉。核桃酥是象形点心，形似核桃，鲜肉月饼是圆形的饼。核桃酥的馅心为复合口味，鲜肉月饼的馅心为咸鲜口味。因此，注意掌握各种不同原料的性质、特点和营养价值，采取不同的加工和调制方法，举一反三。借助工具，拓展象形类点心的包捏方法，提高生产效率。在传统象形类点心制作中，选用天然蔬菜、瓜果等原料，改变传统饼类制作的色泽，注重面点的美观。融入各省市和全国职业院校职业技能大赛的评分标准，促进学生对知识、技能和方法的掌握，以及良好习惯的养成。

任务4　小鸡酥制作

[任务描述]

　　小鸡酥，是一款经常用在宴会上的象形点心。小鸡酥外形像小鸡，皮坯松脆，口味香甜。小鸡酥属于油酥面团类点心，馅心主要是甜味的，如豆沙、莲蓉等。小鸡酥制作可以体现较深的包捏剪基本功，现在我们来学习小鸡酥的制作方法。

[学习目标]

1. 会调制油酥面团。
2. 会擀制层酥面团。
3. 会包捏小鸡酥。
4. 会烘烤小鸡酥。

[任务实施]

边看边想　——　边做边学　——　总结归纳　——　拓展提升

[边看边想]

相关知识
介绍

你知道吗？制作小鸡酥需要准备如下材料（主要设备、用具、原料如图所示）。

设　备：面案操作台、烤箱、烤盘等。
用　具：电子秤、擀面杖、面刮板、剪刀、馅挑、
　　　　小碗等。
原　料：面粉、猪油、黑芝麻、豆沙、鸡蛋等。

[知识链接]

小鸡酥采用什么面团制作？
小鸡酥采用油酥面团制作。

油酥面团采用怎样的调制工艺流程？
水油面：下粉→加油→掺水→拌和→揉搓→饧面
油酥：下粉→加油→拌和→揉搓→饧面

小鸡酥采用哪种成熟方法？
烘烤法。

[成品要求]

色泽：金黄色。
形态：大小一致，形态逼真。
质感：酥松，香甜。

扫二维码
观看制作视频

[边做边学]

操作步骤

调制
面团　→　擀制
酥层　→　搓条
下剂　→　压剂
擀皮　→　包馅
成形　→　作品
成熟

一、操作指南

操作前准备

设备：面案操作台、烤箱、烤盘等。

用具：电子秤、擀面杖、面刮板、剪刀、馅挑、小碗等。

原料：面粉、猪油、黑芝麻、豆沙、鸡蛋等。

步骤1　调制面团

序　号 Number	流　程 Step	图　解 Comment	安全/质量 Safety/Quality
1	先将面粉100克围成窝状，再将猪油15克、温水约60克掺入面粉中间，用右手调拌面粉。		先将猪油加入面粉中调和，然后加入温水调制。
2	将面粉调成"雪花状"，加少许水，揉成较软的水油面团，饧面5~10分钟。		左手用面刮板抄拌，右手配合揉面。掌握好饧面时间。
3	面粉60克围成窝状，猪油30克放面粉中间，用右手调拌面粉，搓擦成干油酥面团。		右手要用力搓擦猪油和面粉，成团即可，掌握好饧面时间。

步骤2　擀制酥层

序　号 Number	流　程 Step	图　解 Comment	安全/质量 Safety/Quality
1	将水油面压成圆扁形的皮坯，中间包入干油酥面团。		将水油面压成中间稍厚、四周稍薄的皮坯，包入干油酥面后收口要封住。
2	将包入干油酥的面坯，用右手轻轻压扁。用擀面杖从中间往左右两边擀，擀成长方形的薄面皮。		压面坯时，注意用力的轻重。擀面坯时，用力要均匀。

续表

序号 Number	流程 Step	图解 Comment	安全/质量 Safety/Quality
3	将薄面皮由两头往中间一折三,用擀面杖将面坯擀开成长方形面皮。将面皮由外往里卷成长条形的圆筒剂条。		擀面坯时,撒手粉要少用。卷筒要卷紧。

步骤3 搓条、下剂

序号 Number	流程 Step	图解 Comment	安全/质量 Safety/Quality
1	左手握住剂条,右手捏住剂条的上面。		右手用力不能过大,左右手的位置不要搞错。
2	左手用力摘下剂子。		左手用力不能过大,左右手配合要协调。
3	将面团摘成大小一致的剂子,每个剂子分量为15克。		按照要求把握剂子的分量,每个剂子要求大小相同。

步骤4 压剂、擀皮

序号 Number	流程 Step	图解 Comment	安全/质量 Safety/Quality
1	右手放在剂子上方。		左右手不要搞错。

续表

序 号 Number	流 程 Step	图 解 Comment	安全/质量 Safety/Quality
2	右手掌朝下，压住剂子。		手掌朝下，不要用手指压剂子。
3	右手掌朝下，用力压扁剂子。		用力要把握轻重，不要压伤手。
4	将擀面杖放在压扁的剂子中间，双手放在擀面杖的两边。		擀面杖要压在皮子的中间，两手掌放平。
5	双手上下转动擀面杖擀剂子，成薄形皮子。		擀面杖不要压伤手，皮子要中间稍厚，四周稍薄。

步骤5　包馅、成形

序 号 Number	流 程 Step	图 解 Comment	安全/质量 Safety/Quality
1	左手托起皮子，右手把馅心放在皮子中间，馅心10克。		馅心不能直接吃，要居中摆放。
2	左右手配合，将皮子收起。		皮子要慢慢收口，动作要轻。

序　号 Number	流　程 Step	图　解 Comment	安全/质量 Safety/Quality
3	将皮子包住馅心，包成圆形。		收口处面团不要太厚。收口朝下，不能朝上。
4	先捏头部，捏成葫芦形。		动作要轻。
5	然后捏身体，再捏其尾部。		明确在成品的什么部位，用力要轻。
6	最后捏鸡嘴，在鸡嘴部轻轻剪一刀。		不要剪伤手指，剪时左手用力要轻。
7	在鸡身两侧各剪一刀。		掌握剪刀的深浅度，不要剪在手上。
8	在鸡头两边沾上鸡蛋液，并蘸上两粒黑芝麻。		芝麻小头向前。

步骤6 成熟

序 号 Number	流 程 Step	图 解 Comment	安全/质量 Safety/Quality
1	将包完的小鸡酥收口朝下放在烤盘里，在小鸡酥表面涂上鸡蛋液。		烤箱要预热到要求的温度，才可以放入成品烤制。
2	将小鸡酥放入上温为210 ℃、下温为220 ℃烤箱中。烤25～30分钟，烤成金黄色。		烤制成品时，要关注烤箱温度和烤制时间，并及时进行调整。

二、实操演练

小组合作完成小鸡酥的制作任务，参照操作步骤与质量标准，进行小组技能实操训练，共同完成教师布置的任务。在操作中，要按照岗位需求来制作，质量符合作品要求。

1. 任务分配

（1）把学生分为4组，每组发1套馅心及制作的用具。

（2）每组发1套皮坯原料和制作工具，学生自己调制面团，经过搓条、下剂、压剂、擀皮、包馅、成形等步骤，包捏成小鸡形状的酥点，大小一致。

（3）提供面案操作台、烤箱、烤盘给学生，学生自己开启烤箱，调节炉温，烤熟小鸡酥，品尝成品。小鸡酥的口味和形状符合要求，口感酥松。

2. 操作条件

工作场地需要1间30平方米的实训室，设备需要烤箱4个，烤盘8只，擀面杖、辅助工具8套，工作服15件，原材料等。

3. 操作标准

点心要求皮坯酥松，口感香甜，外形像小鸡。

4. 安全须知

小鸡酥要烤熟才能食用。成熟时，要小心烤箱的炉温，不要烫伤手。

三、技能测评

表4-4

被评价者：_____

训练项目	训练重点	评价标准	小组评价	教师评价
小鸡酥制作	调制面团	调制面团时，符合规范操作，面团软硬恰当	Yes□/No□	Yes□/No□

训练项目	训练重点	评价标准	小组评价	教师评价
小鸡酥制作	擀制酥层	擀制酥层时，用力均匀，方法正确，少撒干粉	Yes□/No□	Yes□/No□
	搓条、下剂	手法正确，按照要求把握剂子的分量，每个剂子要求大小相同	Yes□/No□	Yes□/No□
	压剂、擀皮	压剂、擀皮方法正确，皮子大小均匀，中间稍厚，四周稍薄	Yes□/No□	Yes□/No□
	包馅成形	馅心摆放居中，包捏手法正确，外形美观	Yes□/No□	Yes□/No□
	作品成熟	成熟方法正确，皮子不破损，馅心符合口味标准	Yes□/No□	Yes□/No□

评价者：＿＿＿＿＿＿＿＿

日　期：＿＿＿＿＿＿＿＿

[总结归纳]

总结教学重点，提炼操作要领

小组共同合作制作小鸡酥。通过小鸡酥的制作，掌握油酥面团的调制方法和包捏手法，以后可以制作不同形状的酥点。在完成任务的过程中，学会共同合作，自己动手制作小鸡酥。把作品转化为产品，为企业争创经济效益。

[重点要领]

教学重点

油酥面团的调制，酥层的擀制，小鸡酥的包捏手法。

操作要领

剂子分量要准确（大小一致），

皮子擀制要适中（厚薄均匀），

馅心务必成圆形（摆放居中），

头尾比例要协调（用力适中），

剪刀深度要适中（眼睛装饰要美观）。

[岗课赛证　拓展提升]

学会小鸡酥的制作方法。根据中式面点师初、中级资格证书的考核内容所必须具备的专业技能、实践能力及素质要求，调整人才培养质量标准。在了解宴会点心核桃酥的制作方法的基础上，进一步掌握油酥面团象形点心的制作方法。小鸡酥皮坯制作和核桃酥皮坯制作不同。核桃酥皮坯中掺入可可粉，色泽上更像核桃；小鸡酥皮坯不加可可粉。小鸡酥也是象形点心，形似小鸡，但是小鸡酥在包捏的难度上要高于核桃酥。因此，注意掌握各种不同原料的性质、特点和包捏技术，采取不同的加工和调制方法，举一反三。借助工具，拓展象形类点心的包捏方法，提高生产效率。在传统象形类点心制作中，利用蔬菜水果的天然颜色，用独特的创意，设计出惟妙惟肖、鲜艳饱满的小鸡酥。融入各省市和全国职业院校职业技能大赛的评分标准，促进对知识、技能和方法的掌握，以及良好习惯的养成。

任务5　象形雪梨果制作

[任务描述]

象形雪梨果，是一款经常用在宴会上的点心。象形雪梨果形象逼真，皮坯松脆，口味鲜香，营养丰富。象形雪梨果属于其他类面团的点心，皮坯用土豆粉制作，馅心用多种原料加工成。象形雪梨果制作体现了较深的包捏基本功。现在，我们来学习象形雪梨果的制作方法。

[学习目标]

1. 会烹制熟馅心。
2. 会调制其他面团。
3. 会包捏雪梨果。
4. 掌握炸制成熟法。

[任务实施]

边看边想 ── 边做边学 ── 总结归纳 ── 拓展提升

[边看边想]

相关知识介绍

你知道吗? 制作象形雪梨果需要准备如下材料（主要设备、用具如图所示）。

设　备: 面案操作台、炉灶、锅子、手勺、漏勺等。

用　具: 电子秤、擀面杖、面刮板、馅挑、小碗等。

原　料: 土豆粉、澄粉、面包糠、虾仁、胡萝卜、肉糜、笋、葱、姜等。

调味料: 盐、糖、生粉、味精、五香粉、芝麻油等。

[知识链接]

象形雪梨果采用什么面团制作?

象形雪梨果采用土豆粉调制的面团制作。

其他面团采用怎样的调制工艺流程?

下粉→掺水→拌和→揉搓→饧面

象形雪梨果采用哪种成熟方法?

炸制法。

[成品要求]

色泽: 金黄色。

形态: 形如雪梨，大小一致。

质感: 外脆里松，口感香鲜。

扫二维码
观看制作视频

[边做边学]

操作步骤

烹制馅心 → 调制面团 → 搓条下剂 → 压剂擀皮 → 包馅成形 → 作品成熟

一、操作指南

操作前准备

设备：面案操作台、炉灶、锅子、手勺、漏勺等。

用具：电子秤、面刮板、馅挑、小碗等。

原料：土豆粉、澄粉、面包糠、虾仁、胡萝卜、肉糜、笋、葱、姜等。

调味料：盐、糖、生粉、味精、五香粉、芝麻油等。

步骤1 烹制馅心

序　号 Number	流　程 Step	图　解 Comment	安全/质量 Safety/Quality
1	将虾仁放入盛器内，加入少许盐及冷水浸泡10分钟，用清水洗干净，挤干水。		用清水漂洗去杂物及咸味，直到将虾仁洗干净。
2	虾仁里加鸡蛋清、胡椒粉、味精、盐、生粉等搅拌。		虾仁加入味后，要拌上劲。
3	将笋切成细粒后，焯水。胡萝卜切成小粒。		沸水下锅。要小心，不要切伤手。
4	在干净的炒锅中，先加入适量油烧至四成热后，倒入猪肉糜滑炒，然后倒入笋粒、胡萝卜、虾仁等料，加入盐、糖、五香粉、水等一起烧沸，再加入味精和生粉勾芡，淋入芝麻油撒上葱花即可。		划油时间不宜过长，以免影响原料的质地。注意火候的安全。咸中带甜，味浓香鲜，金黄色。

步骤2 调制面团

序 号 Number	流 程 Step	图 解 Comment	安全/质量 Safety/Quality
1	土豆粉50克、澄粉20克、盐1克等料放入汤碗里，将沸水倒入粉中间，用馅挑调拌粉。		沸水要一次加入粉中，一边加水一边搅拌，动作要快。
2	将搅拌均匀的粉团倒在干净的案板上，加入精制油10克，趁热揉透面团，用保鲜膜盖住。		台面要干净，面团要揉光洁。

步骤3 搓条、下剂

序 号 Number	流 程 Step	图 解 Comment	安全/质量 Safety/Quality
1	两手将面团从中间往两头搓拉成长条形剂条。		两手用力要均匀，搓条时不要撒干面粉，以免条搓不长。
2	用面刮板切下剂子，每个剂子分量为15克。		按照要求把握剂子的分量，每个剂子要求大小相同。

步骤4 压剂、捏皮

序 号 Number	流 程 Step	图 解 Comment	安全/质量 Safety/Quality
1	将剂子搓成圆形。		用力要均匀。

续表

序 号 Number	流 程 Step	图 解 Comment	安全/质量 Safety/Quality
2	左右手配合，用力捏剂子，将剂子捏成窝形的皮子。		用手指捏剂子，剂子要中间稍厚，四周稍薄。

步骤5 包馅、成形

序 号 Number	流 程 Step	图 解 Comment	安全/质量 Safety/Quality
1	左手托起皮子，右手用馅挑把馅心放在皮子中间，每个馅心分量为8克。		馅心摆放要居中。
2	左右手配合，包住馅心，并包成圆形。		包住馅心，动作要轻。
3	右手将其捏成生梨形，上面小，下面大。		动作要轻，以防馅心漏出。
4	表面涂上鸡蛋清，滚沾上面包糠。		鸡蛋清要涂均匀，滚沾面包糠后，再用手搓一下成品。
5	成品顶部插进干香菇，做成生梨梗。		干香菇要剪成细长条，要小心，不要剪到手指。

🥘 **步骤6 成熟**

序 号 Number	流 程 Step	图 解 Comment	安全/质量 Safety/Quality
1	将包完的雪梨果放在约120 ℃的油里，用小火慢慢炸。		先将雪梨果放入漏勺里，再放入油锅中炸，待成品浮起，才去除漏勺。
2	待雪梨果浮在油锅的表面时，转中火炸，一边炸一边用手勺推雪梨果，待雪梨果体积逐渐变大，表面炸成金黄色时取出。		注意油温的掌握，炸时要小心，不要烫伤手。

二、实操演练

小组合作完成象形雪梨果制作任务，参照操作步骤与质量标准，进行小组技能实操训练，共同完成教师布置的任务。在操作中，要按照岗位需求来制作，质量符合作品要求。

1. 任务分配

（1）把学生分为4组，每组发1套馅心及制作的用具，学生把笋粒、胡萝卜、虾仁等料加入调味料烹制成馅心。馅心咸淡适中，香鲜。

（2）每组发1套皮坯原料和制作工具，学生自己调制面团，经过搓条、下剂、压剂、制皮、包馅、成形等步骤，包捏成雪梨形状的点心，大小一致。

（3）提供炉灶、锅子、手勺、漏勺给学生，学生自己调节火候，炸熟象形雪梨果，品尝成品。成品口味及形状符合要求，口感松脆香鲜。

2. 操作条件

工作场地需要1间30平方米的实训室，设备需要炉灶4个，瓷盘8只，辅助工具8套，工作服15件，原材料等。

3. 操作标准

象形雪梨果要求口感松脆香鲜，形如生梨。

4. 安全须知

雪梨果要炸熟才能食用。成熟时，要小心火候和锅中的油，不要烫伤手。

中式点心制作

三、技能测评

表4-5

被评价者：_____

训练项目	训练重点	评价标准	小组评价	教师评价
象形雪梨果制作	烹制馅心	烹制时，按步骤操作，掌握调味品的加入量	Yes□/No□	Yes□/No□
	调制面团	调制面团时，符合规范操作，面团软硬恰当	Yes□/No□	Yes□/No□
	搓条、下剂	手法正确，按照要求把握剂子的分量，每个剂子要求大小相同	Yes□/No□	Yes□/No□
	压剂、制皮	压剂、捏皮方法正确，皮子大小均匀，皮子为窝形	Yes□/No□	Yes□/No□
	包馅成形	馅心摆放居中，包捏手法正确，外形美观	Yes□/No□	Yes□/No□
	作品成熟	成熟方法正确，皮子不破损，馅心口味符合标准	Yes□/No□	Yes□/No□

评价者：_____

日　期：_____

[总结归纳]

总结教学重点，提炼操作要领

小组共同合作制作象形雪梨果。通过象形雪梨果的制作，掌握其他面团的调制方法和雪梨果的包捏手法，以后可以制作不同形状的点心。在完成任务的过程中，学会共同合作，自己动手制作象形雪梨果。把作品转化为产品，为企业争创经济效益。

[重点要领]

教学重点

其他面团的调制，雪梨果的包捏手法，掌握炸制成熟的方法。

操作要领

用沸水烫面，面团揉光洁。
皮子捏窝形，馅心要居中。
包捏要正确，形态要逼真。
面包糠沾匀，装饰需美观。
把握成熟油温，时间要把握。

136

[岗课赛证　拓展提升]

学会象形雪梨果的制作方法。根据中式面点师初、中级资格证书的考核内容所必须具备的专业技能、实践能力及素质要求，调整人才培养质量标准。在了解宴会点心小鸡酥的制作方法的基础上，进一步掌握其他面团象形点心的制作方法。象形雪梨果皮坯制作和小鸡酥皮坯制作有很大不同。象形雪梨果的皮坯是用土豆粉调制的；小鸡酥的皮坯是用面粉调制的。象形雪梨果是象形点心，形似生梨；小鸡酥也是象形点心，形似小鸡。但是，象形雪梨果的包捏难度比小鸡酥高。因此，注意掌握各种不同原料的性质、特点和包捏技术，采取不同的加工和调制方法，举一反三。借助工具，拓展象形类点心的包捏方法，提高生产效率。在传统象形类点心制作中，利用蔬菜水果的天然颜色，用独特的创意，设计出惟妙惟肖、鲜艳饱满的雪梨果。融入各省市和全国职业院校职业技能大赛的评分标准，促进学生对知识、技能和方法的掌握，以及良好习惯的养成。

 # 任务6　象形南瓜团制作

[任务描述]

象形南瓜团，是一款经常用在宴会上的点心。象形南瓜团形象逼真，皮坯软糯，口味香甜，营养丰富。象形南瓜团属于其他类面团的点心，皮坯采用南瓜、糯米粉制作，馅心是莲蓉。象形南瓜团制作体现较深的包捏基本功。现在，我们来学习象形南瓜团的制作方法。

[学习目标]

1. 会调制米粉面团。
2. 会包捏象形南瓜团。
3. 会蒸制象形南瓜团。

[任务实施]

边看边想　边做边学　总结归纳　拓展提升

[边看边想]

你知道吗？制作象形南瓜团需要准备如下材料（主要设备、用具、原料、调味料如图所示）。

设　备：面案操作台、炉灶、锅子、蒸笼、蒸屉等。
用　具：电子秤、擀面杖、面刮板、馅挑、小碗等。
原　料：糯米粉、澄粉、南瓜泥、莲蓉等。
调味料：糖粉、黄油、精制油、可可粉等。

[知识链接]

象形南瓜团采用什么面团制作？
象形南瓜团采用米粉调制的面团制作。

其他面团采用怎样的调制工艺流程？
下粉→掺泥→拌和→揉搓→成团

象形南瓜团采用哪种成熟方法？
蒸制法。

[成品要求]

色泽：黄色。
形态：南瓜形状，大小一致。
质感：皮坯软糯，口感香甜。

扫二维码
观看制作视频

[边做边学]

操作步骤

调制面团→搓条下剂→捏皮包馅→成形成熟

一、操作指南

操作前的准备

设备：面案操作台、炉灶、锅子、蒸笼、蒸屉等。

用具：电子秤、擀面杖、面刮板、馅挑、小碗等。

原料：糯米粉、澄粉、南瓜泥、莲蓉等。

调味料：糖粉、黄油、精制油、可可粉等。

步骤1　调制面团

序　号 Number	流　程 Step	图　解 Comment	安全/质量 Safety/Quality
1	将糯米粉、澄粉、南瓜泥、糖粉等原料一起调匀成团。		投料比例要恰当，台面要干净。
2	在面团中掺入黄油，揉成光洁面团。		动作要快，面团要揉光洁。

步骤2　搓条、下剂

序　号 Number	流　程 Step	图　解 Comment	安全/质量 Safety/Quality
1	两手将面团从中间往两头搓拉成长条形。		两手用力要均匀，搓条时不要撒干面粉，以免条搓不长。
2	左手握住剂条，右手用面刮板切下剂子，每个剂子分量为15克。		按照要求把握剂子的分量，每个剂子要求大小相同。

中式点心制作

步骤3　捏皮、包馅

序　号 Number	流　程 Step	图　解 Comment	安全/质量 Safety/Quality
1	先将剂子搓成圆形，然后将剂子捏成窝形。		用力要均匀。
2	包入莲蓉馅心成圆形。		用手指捏剂子，皮子要中间稍厚，四周稍薄。

步骤4　包馅、成形

序　号 Number	流　程 Step	图　解 Comment	安全/质量 Safety/Quality
1	用刮板在圆形生坯表面轻轻刻出6条印子。		刻的时候用力不宜过重，以防皮坯破损。
2	在生坯顶部用咖啡色面团做成荸荠梗状。		荸荠梗装饰要美观。
3	将包好的南瓜团放入蒸笼内，在蒸锅上用中汽蒸5分钟。		蒸汽不宜过足。

二、实操演练

小组合作完成象形南瓜团制作任务，参照操作步骤与质量标准，进行小组技能实操训练，共同完成教师布置的任务。在操作中，要按照岗位需求来制作，质量符合作品要求。

1. 任务分配

（1）把学生分为4组，每组发1套馅心及制作的用具。

（2）每组发1套皮坯原料和制作工具，学生自己调制面团，经过搓条、下剂、制皮、包馅、成形等步骤，包捏成南瓜形状的团子，大小一致。

（3）提供炉灶、锅子、手勺、漏勺给学生，学生自己调节火候，蒸熟象形南瓜团，品尝成品。南瓜团口味及形状符合要求，口感软糯。

2. 操作条件

工作场地需要1间30平方米的实训室，设备需要蒸笼4个，笼屉4个，辅助工具8套，工作服15件，原材料等。

3. 操作标准

南瓜团要求皮坯软糯，口感香甜，外形像南瓜。

4. 安全须知

南瓜团要蒸熟才能食用。成熟时，要小心火候和锅中的水，不要烫伤手。

三、技能测评

表4-6

被评价者：_____

训练项目	训练重点	评价标准	小组评价	教师评价
象形南瓜团制作	调制面团	调制面团时，符合规范操作，面团软硬恰当	Yes□/No□	Yes□/No□
	搓条、下剂	手法正确，按照要求把握剂子的分量，每个剂子要求大小相同	Yes□/No□	Yes□/No□
	捏皮包馅	捏皮方法正确，皮子大小均匀，成窝形，馅心摆放居中	Yes□/No□	Yes□/No□
	作品成形	包捏手法正确，形如南瓜	Yes□/No□	Yes□/No□
	作品成熟	成熟方法正确，皮子不破损，馅心符合口味标准	Yes□/No□	Yes□/No□

评价者：_____

日　期：_____

[总结归纳]

总结教学重点，提炼操作要领

小组共同合作制作象形南瓜团。通过象形南瓜团的制作，掌握其他面团的调制方法和南瓜团的包捏手法，以后可以制作不同形状的团子。在完成任务的过程中，学会共同合作，自己动手制作象形南瓜团。把作品转化为产品，为企业争创经济效益。

[重点要领]

教学重点

米粉面团的调制，制皮的技巧，南瓜团的包捏手法。

操作要领

投料要恰当，面团揉光洁。
皮子捏窝形，馅心要居中。
包捏要正确，形态要逼真。
成熟蒸汽小，时间要把握。
装饰需美观，熟后要抹油。

[岗课赛证　拓展提升]

学会象形南瓜团的制作方法。根据中式面点师初、中级资格证书的考核内容所必须具备的专业技能、实践能力和素质要求，调整人才培养质量标准。在了解节庆点心蟹粉肉汤团制作方法的基础上，进一步掌握米粉面团象形点心的制作方法。象形南瓜团皮坯制作和蟹粉肉汤团皮坯制作同属米粉面团。但是，象形南瓜团的皮坯是在米粉中加入南瓜泥调制的，蟹粉肉汤团的皮坯是用米粉调制的，不加其他辅助原料。象形南瓜团是象形点心，形似南瓜，蟹粉肉汤团不是象形点心。象形南瓜团的包捏难度比蟹粉肉汤团的包捏难度高。因此，注意掌握各种不同原料的性质、特点和包捏技术，采取不同的加工和调制方法，举一反三。借助工具，拓展象形类点心的包捏方法，提高生产效率。在传统象形点心制作中，利用蔬菜水果的天然颜色，以独特的创意，设计出惟妙惟肖、鲜艳饱满的南瓜团。融入各省市和全国职业院校职业技能大赛的评分标准，促进学生对知识、技能和方法的掌握，以及良好习惯的养成。